心理学与九型人格

陈国强◎著

天地出版社 | TIANDI PRESS

图书在版编目（CIP）数据

心理学与九型人格 / 陈国强著 . —成都：天地出版社，2018.10（2023 年 12 月重印）
ISBN 978-7-5455-4068-0

Ⅰ . ①心… Ⅱ . ①陈… Ⅲ . ①人格心理学—通俗读物 Ⅳ . ① B848-49

中国版本图书馆 CIP 数据核字（2018）第 155989 号

XINLIXUE YU JIUXING RENGE
心理学与九型人格

出 品 人	杨 政
著 者	陈国强
责任编辑	陈素然
封面设计	张合涛
内文排版	乐律文化
责任印制	王学锋

出版发行	天地出版社 （成都市锦江区三色路 238 号　邮政编码：610023） （北京市方庄芳群园 3 区 3 号　邮政编码：100078）
网 址	http://www.tiandiph.com
电子邮箱	tiandicbs@vip.163.com
经 销	新华文轩出版传媒股份有限公司

印 刷	三河市嘉科万达彩色印刷有限公司
版 次	2018 年 10 月第 1 版
印 次	2023 年 12 月第 3 次印刷
开 本	925mm × 660mm　1/16
印 张	18.75
字 数	201 千
定 价	59.80 元
书 号	ISBN 978-7-5455-4068-0

咨询电话：（028）86361282（总编室）
购书热线：（010）67693207（营销中心）

前言

追求尽善尽美的完美型、古道热肠的奉献型、脚踏实地的实干型、充满艺术气息的浪漫型、头脑冷静的观察型、天生多疑的怀疑型、快乐至上的享乐型、追求权力的领袖型、一团和气的协调型——九型人格作为自我探索和升华的心理分析方法，对于我们认识自我、完善自我具有特殊的价值和作用。不同人格之间纵横交错的关系意味着每种人格都有调适和超越的空间。不论你是哪一种类型，掌握九型人格的理论方法，就可以了解自己的优势和短板，才能弥补缺陷，发挥优势，我们的人生才能攀升到新的高度。

本书以浅显的语言和生动的案例为读者诠释了九型人格。每种人格的优势与不足、在社交和职场中的表现、具备该类型人格的人如何自我调适、如何与该类型人格者相处、该类型人格与其他人格的互补与碰撞，作者在书中都一一做了深入浅出的分析和解说。在对号入座的过程中，或许你会发现自己具备不同人格类型的特质，这是完全正常的，不同人格之间本就存在相互渗透和转化的关系。“知人者智，自知者明”，相信把九型人格作为一个路标，指引我们在自我探索的路上沿着正确的方向走下去，便会更深入、更全面地了解自己。

目　录

Part1 发现自己的人格

Part2 完美型人格：内心只有美好

Part3 奉献型人格：我们都是热心肠

Part4 实干型人格：我们都是“工作狂”

Part5 浪漫型人格：我们都是爱浪漫的人

Part6 观察型人格：目光停留在他人身上

Part7 怀疑型人格：我们天生多疑

Part8 享乐型人格：人生得意须尽欢

Part9 领导型人格：能力越大责任越大

Part10 协调型人格：我们都是好朋友

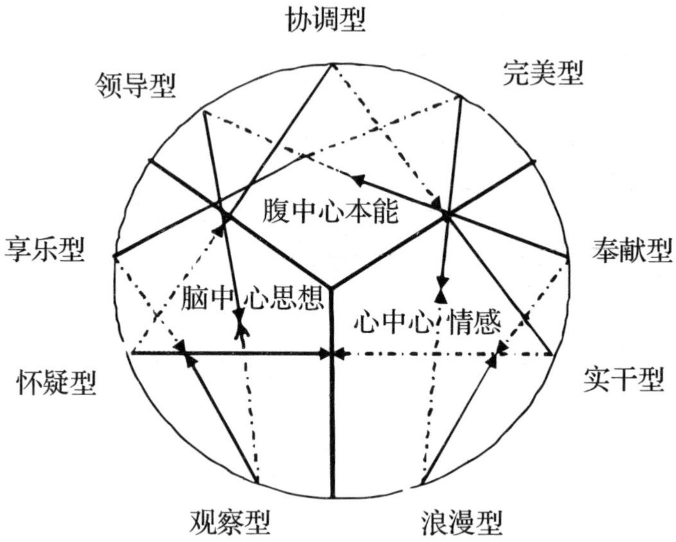

协调型
完美型
领导型
腹中心本能
享乐型
奉献型
脑中心思想
心中心 情感
怀疑型
实干型
观察型
浪漫型

Part1

发现自己的人格

人格是一个人的思想、情感、行为在社会中表现出来的一种综合模式，具有独特性、稳定性、综合性、功能性等特征。

人格与性格的区别

人格与性格都是人们主观意识形态的一种表现，但是两者之间仍有着细微的区别。人格是一个人在社会环境与交际中表现出来的一种独特的行为模式、思维模式以及情绪反应，是一个人稳定的个性心理特征，也是一个人与他人相区别的重要标志，主要表现在一个人对现实的态度和相应的行为方式上。

人格包括性格与气质两部分。“人格”一词在生活中有多种含义，可以是道德上的人格，即一个人的品德和操守；也可以是法律意义上的人格，即享有法律地位的人；还可以是文学意义上的人格，它指的是人物心理的独特性和典型性。性格则是一个人个性的核心，是一个人在现实生活中比较稳定的、具有核心意义的个性心理特征，代表了人们对现实和周围事物的一种态度，并在自己的言行举止中得到体现。比如说，果断与犹豫、开朗与自卑、勤劳与懒惰这些属性都属于一个人的性格特征。

人们在生活中的所作所为通常会对自己的人格产生影响，但很少会让自己的性格产生改变。例如，一个人做了一件不好的事情，人们只会对他的人格进行质疑，而不会对其性格提出非议。除此之外，在交际过程中，人们会用自身的人格作为担保，但是没有人会用性格作为担保，这也可以反映出人格具有更多性格所不具备的社会功能和道德功能。

“人格”（personality）一词来源于古希腊语persona，指的是古希腊戏剧演员在表演时所戴的一种面具。随着语言的演变，人格有了两种不同的意思：第一，是指一个人在人生舞台上遵从社会文化习俗所表现出来的种种行为反应，也就有了类似于用面具来展现角色自身的“外壳”表现功能；第二，是指一个人由于种种原因不愿充分展现自己的人格成分，用面具作为一种掩饰，即面具背后有一个真实的自我。现代心理学的研究过程中仍然沿用了“persona”一词的含义，将其译为人格。

而人格作为一个心理学术语，指的是一个人的个性，是一个人在先天的生理素质基础上，在社会环境中，通过不断的交往而发展起来的个人稳定的心理特征总和。

由此可知，人格是一个复杂的系统结构，它包括气质、性格、认知风格、自我调控等诸多成分。人格在当下的研究中被分为十几种不同的类型，这些类型分别是研究型人格、冲动型（娱乐型）人格、市场型（服务型）人格、政治型人格、接纳型人格、剥夺型人格、贮藏型人格、生产型人格、懒惰型人格、好动型人格、畸形人格，等等。这些人格都是人们在社会中表现出来的特点，更多的是体现了一种社会功能。

人格是一个人的思想、情感、行为在社会中表现出来的一种综合模式，具有独特性、稳定性、综合性、功能性等特征。

人格的独特性指的是人格是在遗传、环境、教育等多种因素的作用下形成的，这也使得每个人的人格虽然与别人有相似之处，但都会烙下自己独有的印记，也就是说每个人的人格都是独一无二的。

人格的稳定性可以用“江山易改，禀性难移”这句俗语来解释，也就是说一个人的人格一旦形成，其大部分特征都不会轻易发生变化。虽然随着个体的生理成熟和环境的变化，人格也会随之发生变化，但是其主体特征很难发生改变。

人格的综合性是指人格是由多种成分构成的一个有机整体，受自我主观意识的控制。人格的综合性是一个人心理健康的重要标准，因为只有构成人格的各种要素处在一种和谐、平衡的局面中时，才能避免出现人格分裂的异常状况。

人格的功能性是指一个人的生活方式、处世准则都会受到人格的影响。强者在面对挫折时可以做到越挫越勇，弱者则会表现得一蹶不振，这其实都是人格功能性的一种表现。

性格在《现代汉语词典》中的解释是每个人在对人、对事的态度和行为方式上所表现出来的心理特点，是人格的一种表现形式。性格是一个人个性的核心部分，最能表现人与人之间的差异，具有复杂的特征。

性格的这些特征可以概括为四个方面：一是指个人对现实和对自己的态度特征，常用到的形容词有诚实、虚伪、谦逊、骄傲，等等；二是指个人的意志特征，包括一个人对自身行为目标的明确程度、对自身行为的控制水平以及在一些紧急场合和困难场合表现出来的意志特征，经常用到的形容词有勇敢、怯懦、果断、优柔寡断、坚韧，等等；三是指个人的情绪特征，包括个人情绪对自身行为的激励程度和支配程度以及情绪受自身意志控制的程度。这类情绪形容词通常有热情、冷漠、开朗、抑郁，等等；四是指个人的理智特征，包括一个人在感知和思维方面的表现，这类形容词包括思维敏捷、认识深刻、逻辑性强、思维迟缓、思维没有逻辑，等等。

人的性格有相当一部分是在后天的生活中逐渐形成的，如腼腆、暴躁、果断、犹豫，等等。中国有一句这样的古语："积行成习，积习成性，积性成命。"西方也有一句与之意思相近的名言："播下一个行为，收获一种习惯；播下一种习惯，收获一种性格；播下一种性格，收获一种命运。"

由此可见，性格在现实生活中对人的行为有着不可忽视的作用，急性子、慢性子、内向、外向、活泼、安静，等等；这些性格特征都会使得人们的行为产生不同的后果。

因此，人们在当下的生活中非常关注性格的培养，都想使自己有一个积极向上的性格，可以让自己更加从容地面对这个社会的挑战，而人的性格培养在现代社会中已经成为一个被广泛关注的课题。

什么是九型人格

生活中每个人都是独一无二的个体，每个人都拥有自己独特的人格。通过长期的研究和观察后，人们将人格分为九个大类型，这些分类并没有什么好坏之分，只不过是不同的人回应世界的方式有差异而已。

另外，九型人格的理论并没有将人们的人格局限在一隅，而是允许每个人有着不同的人格展现。九型人格是人格的一种普遍分类，在每个人身上都有特殊的表现。九型人格学的研究至今已经有两千多年，它按照人们惯性的思维模式、情绪反应以及行为习惯等个性特质，将人分为九种类型，这九种类型分别是完美型人格、给予型人格、实干型人格、浪漫型人格、观察型人格、怀疑型人格、享乐型人格、领导型人格、协调型人格。

“九型人格”在英语中被称为 enneagram，据传其前身是两千多年前印度西部与阿富汗交界地带发源的人性学，后来由苏菲教派传承下来。最初是教派中的大师借此来辨析弟子的性格，然后指引弟子的灵修之路，帮助他们提升自己的人格。随后九型人格学流传到欧美等地，被美国心理学家海伦·帕玛借用，发展为研究人类行为及其心理的专业课题。斯坦福大学更是将九型人格学说作为自己学校的教材，使其成为热门叫座的心理学课程。

当下，九型人格得到了广泛的应用，在个人成长、职业选择、人际关系、夫妻相处、教育子女、销售技巧等众多领域都得到了实践。此外，世界500强中的通用汽车公司、可口可乐、惠普等企业也早已把九型人格学运用到企业的管理当中。

人格被分为九型，每个人都必然属于其中一型，而一个人自身所归属的那一型就是其最基本的人格常态。人的基本人格常态一旦形成是不会发生变化的，就算随着时间的推移、环境的改变，影响人格当中的某些因素发生了变化，这也只会使基本人格形态当中某些被隐藏或者掩盖的特质凸显出来，而不会发生真正意义上的改变。这其实就是人“本性难移”一说的由来，也说明每个人都是与众不同的，都在普遍类型的框架下有着自身的特殊性。

根据九型人格理论去研究人格的类型，可以使得人们在生活和工作当中做到“知己知彼”，进而做到“对症下药”，让自己的工作和生活“事半功倍”。现代九型人格学的鼻祖海伦·帕玛将人们研究这门学说的意义归结为三个方面：

首先，九型人格学可以帮助我们更好地认识自己的性格特征，让我们更加了解自己，使得自己的生活更轻松；其次，研究九型人格学可以让我们对自己身边的同事、恋人、家人和朋友有更多了解，使得自己拥有一个良好的人际关系；最后，研究九型人格学可以让我们发掘不同性格所拥有的潜能，使得自身得到更好的发展，这些潜能包括调节自身心理、感受他人以及先知先觉的观察能力等。

根据这九型人格的不同特点，又可以将这九型人格分为基本类型和基本类型的变异类型。九型人格的基本类型是实干型人格、怀疑型人格、协调型人格。观察型人格和享乐型人格是思维的变异，奉献型人格和浪漫型人格是情感的变异，完美型人格和领袖型人格属于本能的变异。

九型人格的名称在某种程度上就表明了这种人格所具有的特征，其具体特征如下：

一、完美型人格，又有改革者、道德至上者、公正审判官等众多别名。这类人通常都是理想主义者，待人待己都非常严苛，对自己和他人有着很高的要求，希望自己能不断得到进步和提升。

除此之外，这类人还有极强的原则性、不易妥协。然而，这类人的感情防线通常非常薄弱。这类人格的形成与其小时候曾经遭受严厉的斥责或者惩罚有关，为了逃避麻烦，他们强迫自己往好的方向努力。另外，这种人格特质容易让父母的批评进入孩子的内心，通过内心的自我批评来控制自身的行为，导致自己长大后变得非常严苛。

二、奉献型人格，又叫作帮助者、古道热肠者。这类人通常感性热情，内心敏感，慷慨大方，讨人喜欢，对他人的感受和需求非常在意。然而，有些时候，他们在渴望别人的爱或者良好关系时甘愿迁就他人，常忽略自己，是一个天生的乐观主义者，但是容易变得骄傲自大。这类人格在孩童时期就非常讨人喜欢，因为他们懂得如何让他人高兴，他们能较快地发现自己身上吸引他人的地方，还能针对不同的成年人做出不同的表演。

三、实干型人格，又被称为成就者、管理者人格。这类人通常表现得自信、乐观，做事情只看成果，认为别人对自己的关注程度完全取决于自己是否取得了出色的成绩。这类人具有高度的目标导向性，自身也非常务实能干，在现实生活中是典型的工作狂。但是，有些时候这类人会为了成功选择快捷方式，容易染上自恋和虚伪的毛病。这类人受到人们夸奖往往是因为他们的所作所为和他们取得的成就，而并非他们自身；因此他们学会了自我推销，懂得如何把自己塑造成工作所需要的理想角色。

四、浪漫型人格，又被称为个人主义者和艺术家。这类人的内心往往是单纯而又敏感的，他们喜欢标新立异，却又害怕别人不懂自己，进而变得多愁善感，他们的缺点是容易嫉妒和悲观。这类人可能是童年时期被关注的程度不够，甚至遭到了“抛弃”，而“抛弃”他们的人总是那些他们认为最重要的人。另一种原因就是这类人生活在一个忧郁的环境中，他们童年时期产生的缺失感，正是他们成年后抑郁情绪的来源。

五、观察型人格，别名理论家、知识分子、思想家。这类人在现实生活中处事非常客观，喜欢独立自主，善于分析和综合，能够抑制自我的感受和需求。这类人对自己的私人空间保护欲很强，不喜欢社交和吵闹的环境。除此之外，他们会尽力降低自己的物质需求和情感付出，以此来换取自己想要的安全感。他们的智商通常都很高，但是容易陷入吝啬、自负、离群的负面人格当中。这类人幼年的生长环境有两种：一是觉得自己被完全抛弃了，然后学会了与自己的情感分离，减轻痛苦；二是他们不断受到来自家庭的心理干扰，为了逃避而封闭自己的情感世界。

六、怀疑型人格。这是九型人格当中最为复杂的一种人格。这类人习惯居安思危，在服从权威的同时又抵制权威，性格矛盾冲突。另外，这类人具有深刻的洞察力和敏锐的观察力，厌恶虚伪，讨厌反叛，缺乏自信心和对他人的信任，对危机高度关注。这样就容易使自己的注意力集中在负面的东西上，然后产生悲观和怀疑的情绪。这种人的早期成长环境是其幼年生活没能得到强大力量的保护，生活当中充满了不值得信任的权威，家长反复无常的态度也会造成信任感的缺失。

七、享乐型人格。他们在生活中积极乐观、精力充沛、工作能力强，与此同时还能表现出自己独特的魅力，有着非常不错的异性缘。这类人对生活虽然有着自己的计划，但不一定会去实行，是自由主义和理想主义的忠实拥护者。这类人虽然思维敏捷，能胜任大部分工作，但是容易不负责任，逃避痛苦，贪婪、自恋。这类人在生活中积极向那些快乐的元素靠拢，最后使得自己成为一个乐天派。

八、领导型人格，又被称为支配者和保护者。这类人精明强悍，有很强的工作能力，也有天生的勇气和领袖潜质，是高度的现实主义者。另外，这类人个性好强，不喜欢被人控制，脾气容易爆发，有着很强的攻击性。这类人在工作中容易主次不分，感情用事。在他们的生活环境中，需要展现自己强硬的外表，以此来进行反击或者抗争别人的攻击，他们从小就被家长灌输了尊重强者的思想。

九、协调型人格，又被称为谈判者、和平主义者。这类人有着较强的环境适应能力，待人真诚谦和，愿意听从别人的建议和安排，不喜欢环境的变化和急性子的人。但是由于其惰性和追求舒适的性格，容易导致办事拖沓，在工作中不会计划，缺乏足够的进取心。这类人的共同点是因为个性不够鲜明而没人注意自己的观点，即使自己表现得非常突出，也容易被人忽略。

测试你是哪一类人格

九型人格实际上是人们处理自己和世界关系的九种表达方式，知道了你自己是哪一种人格之后，就能够使得自己得到更好的发展和补充，然而这需要一个清楚的前提，那就是你能准确地测出自己的人格类型。

如果定位出现了错误，那么就不能发挥九型人格的作用，甚至还会使局面变得更加糟糕。人类的人格自身就是一个复杂的综合体，一不小心就会与别的类型发生混淆。除此之外，人们有些时候的情绪心理表现只是暂时性的，如果把暂时的表现当成永久的特征来对待的话，人格的测试当然就会出现偏差，这就需要我们在测试的时候能够从整体上进行理解和把握，或者借助与自己比较亲近的人的评价加以佐证。

九型人格作为一种世界观和价值观的表达方式，每种类型都有着鲜明的特征。因此，从一个人的世界观和内心的渴望当中，可以初步判断一个人所属的人格类型。完美主义者认为，这个世界的意义是追求完美，每个人都要这么做，其内心最真实的渴望就是“我是正确的”；奉献主义者认为，只有当我被别人需要的时候，才能证明我存在的价值，其内心的渴望是“我是被需要的”；实干主义者认为，这个世界只有优秀的、有价值的人才有人爱，其内心的渴望是“我是优秀的”；浪漫主义者认为，只有独特的人，才会被人爱、被人接受，其内心的渴望是“我是独特的”；观察者认为，我若没有知识，我就会被这个世界无情地抛弃，其内心的渴望是“我是全知的”；怀疑主义者认为，这个世界是不确定的、危险的，我要时刻保持警惕，其内心的渴望是“我是可信的”；享乐主义者认为，这个世界是充满限制的，资源是匮乏的，我如果不能保持快乐，就不会有人爱我了，其内心的呐喊是“我是 OK 的”；领导者认为，世界是被强者主宰的，所以我要做生活中的强者，其内心的呐喊是“我是强大的”；协调者认为，世界本来是和谐的，人们一旦有了欲望和需求，这份和谐就会被破坏，其内心的呐喊是“我是和谐的”。

每种人格都有着自己不同的侧重点，人们可以通过观察自身的一些特性，来进行判断。但是在判断的时候，人们对于某种类型的选择会出现困难和左右为难的局面，这时候就要根据选择时的内心迫切程度来做最后的抉择。以下是一套判断自己人格类型时的参考因素：

完美型人格有着以下一些特点：

1. 你是否肯努力改正自己的缺点？

2. 做事是否需要进行顺序上的编排？

3. 是否不愿在交际上浪费时间？

4. 自己和身边的人，是否总是给自己一种“我可以做到更好”的感觉？

5. 即使是很小的错误也会让自己很难释怀。

6. 神经时刻紧绷着，不会轻松地和别人闲聊。

7. 总是习惯用自己的原则来评判他人。

8. 比别人更容易产生忧虑的情绪。

9. 处理事情的时候喜欢坦率和老实。

10. 不愿意说谎以及做其他有违原则的事情。

奉献型人格会有以下诸多心理特征：

1. 觉得身边有许多人需要我。

2. 认为奉献很重要。

3. 想成为对众人都有帮助的人。

4. 看到别人遭遇困难，就会想伸出援手。

5. 不论个人的喜好，对身边的人都能给予照顾。

6. 希望每个人在遭遇不顺的时候都来找自己寻求安慰。

7. 做事通常都是最后才考虑自己。

8. 觉得经常为别人提供帮助，却得不到对方的感激。

9. 因为没有得到想要的感谢，就会觉得自己是一个牺牲者。

10. 觉得生活就是需要“爱与被爱”。

实干型人格会表现出这样一些特征：

1. 喜欢有事做。

2. 想要和伙伴一起工作，并同工作伙伴发展深厚的感情。

3. 做事重视效率，讨厌浪费时间。

4. 经常感觉自己肯定会成功。

5. 为了达到自己的目标，会制订明确的计划。

6. 喜欢用进度表、分数来展示自己的成绩。

7. 想要给别人留下成功者的印象。

8. 做事有自己的主见，但会随机应变。

9. 为了获得自己想要的成果，会选择与对方妥协。

10. 讨厌听见别人说自己做得不好。

浪漫型人格会表现出以下特征：

1. 总觉得很多人没有体会到人生真正的意义与美丽之处。

2. 回忆过去时会有强烈的哀愁。

3. 经常想保持一种状态，但是并不容易。

4. 心灵会被象征性的事物所吸引。

5. 觉得自己比别人对事物有着更深刻的认知。

6. 觉得别人很难理解自己。

7. 非常关注周围环境的氛围。

8. 会有“人生如戏”的感慨，觉得自己的生活就像在演戏。

9. 感觉自己不是一个平凡人。

10. 面对失去、死亡，经常会陷入沉思。

观察型人格会有以下一些表现：

1. 不善于表现自我的感情。
2. 习惯收集物品，总觉得会用上。
3. 喜欢简单明了的交谈，讨厌词不达意的表达。
4. 擅长多角度观察，综合各种意见。
5. 讨厌被问“现在有什么感受”。
6. 希望能有自己个人的时间和空间。
7. 不喜欢打头阵，强出头。
8. 习惯在参与之前，先进行一番观察。
9. 不喜欢和别人单独在一起。
10. 喜欢思考。

怀疑型人格会表现出以下特征：

1. 讨厌权威。
2. 会因为疑惑而感到痛苦。
3. 希望可以有明确的目标或者一贯的立场。
4. 有很强的警惕心理。
5. 做事会进行认真的思考。

6. 经常问自己是不是做了错误的选择。

7. 会认为别人的批评是一种攻击。

8. 经常犹豫不决，会很在意亲近之人的想法。

9. 认为做事意愿很重要。

10. 朋友觉得自己非常老实，对他人非常体贴。

享乐型人格可能有这些特征：

1. 喜欢快乐的事情，会让人觉得童心未泯。

2. 没有危机意识。

3. 感觉别人都应该像自己一样开朗。

4. 经常会因为“只要自己幸福就好”，而忽略他人的感受。

5. 看待事物只愿看积极的一面。

6. 与人接触的时候总是抱有善意。

7. 喜欢开朗的谈话，讨厌阴暗的言论。

8. 在娱乐场所喜欢引起别人的注意。

9. 觉得看待事物应该有更宽阔的视野。

10. 认为不开心的事情应该早早地忘记。

领导型人格有这些特征：

1. 愿意为自己的追求而战。

2. 在挑战或者竞争的过程中，能够利用对方的弱点发动攻击。

3. 不怕与他人对立，实际上经常与他人发生对立。

4. 喜欢行使权力的感觉。

5. 富有攻击性，有着自己的主张。

6. 习惯以强硬的一面示人。

7. 不愿退缩，喜欢进攻。

8. 做事有自己的原则。

9. 会保护处在自己权威之下的人。

10. 不喜欢自我反省。

协调型人格有这样的特点：

1. 认为人生处处是青山，认为生活应该是和谐的。

2. 喜欢平静、平稳，不喜争斗。

3. 喜欢安逸的生活。

4. 认为自己是一个乐天派。

5. 生活中很少有失眠的现象。

6. 认为人大致上是相同的，只有少许的不同之处。

7. 对于事物通常不会感觉太兴奋。

8. 做事习惯等待。

9. 讨厌浪费气力，做事会寻找最省力的方法。

10. 认为人际关系在生活中是最重要的。

Part2

完美型人格：内心只有美好

当完美主义者确定了自认为有价值的目标时，他们会付出常人难以想象的热情和努力，并积极地投身到既定的目标和计划当中。在整个过程中，他们会表现出高度的责任感，并坚守自己设定的底线，面对困难和挫折也绝不妥协。

完美型人格的闪光点

在生活当中，拥有完美型人格的人做事非常讲究原则，是非分明。对于社会现有的道德准则、国家的法律制度、企业的规章制度、学校的校规等，完美主义者都会将其内化成自己的行为准则，并对照这种准则来要求自己和身边的人。

因此，他们经常会表现出超乎常人的正义感，在做事的过程中有常人所不具备的忍耐力和毅力，为的只是遵循自己的原则和标准。因此他们在工作当中会提出很高的要求，任何错误都能成为其返工重做的原因。对于做好的计划和既定的目标，完美主义者一定会努力执行，而这些目标的完美性经常会使其承受超乎常人的压力。此外，他们还会要求自己做到诚实守信、具有责任感，做出的承诺一定要兑现。

完美主义者还有强烈的自我批判精神，为的是在自我批判和自我反思的过程中，让自己变得更加完美。

刘乐就是一个完美主义者，他做事最大的特点就是追求完美，当一件事做完之后，如果没有达到他想要的效果，就会开始进行自我反思。有一次，刘乐做了一份策划案，在开会的时候已经通过了。但是会议结束之后，他并没有表现得很兴奋，因为他发现用另外一种方法进行表达，可能会产生更好的效果，也就是说通过的那份策划案他并不认为是完美的。

于是，刘乐就把自己心中更加完美的想法转化成一份新的策划案，并将这份新的策划案交给上司。上司看完之后，对刘乐的能力和态度非常认可，并最终采纳了修改过的第二套方案。正是由于刘乐是个完美主义者，在工作中，对完美的追求不断地促使他做出努力和改变，让他变得更加“无可挑剔”，最终使得他在激烈的竞争中成功突围。

古希腊哲学家亚里士多德曾经说过：“所有的天才都有完美型的特点。”正是因为对完美的追求，才使得他们更加严肃认真地对待设定的目标，进而挖掘自身的潜力，最终使自己取得的成果远远超乎常人。

当完美主义者确定了自认为有价值的目标时，他们会付出常人难以想象的热情和努力，并积极地投身到既定的目标和计划中。在整个过程中，他们会表现出高度的责任感，并坚守自己设定的底线，面对困难和挫折也绝不妥协。而这些“完美”的特质，正是他们能够取得非凡成就的决定性因素。

世界著名的雕塑家米开朗琪罗就是完美型人格的一个卓越代表，米开朗琪罗在创作经典雕像大卫的时候，为了能够使自己的雕塑更符合人类的形体结构，曾经亲自到停尸房里解剖尸体，仔细研究人体的肌肉和筋腱构造。正是米开朗琪罗对事业追求完美的态度，才使得他做出了超乎常人的努力和尝试，最终令自己的作品流传百世，在当今社会仍然备受推崇，被视为珍品。

在与完美主义者相处的过程中，我们自身也会因为感受到对方追求完美的态度，促使自己不断提高对自身的要求。这不仅是与完美主义者相处时的压力所致，也是因为完美主义者对朋友有着很高的要求和很大的影响力。

王迅是一家电子加工厂的经理，对自身有着严格的要求，在工作过程中他会不断地提醒自己，要做就做到最好。他这种对“完美”的追求也体现在了对员工的要求上。结果，使得电子厂的员工们做事有明确的目标，对工作也有极高的热情。

完美主义者经常会表现出一种积极的状态，对自身的打扮也会非常在意，并注重自我修养。他们在生活中勤劳干练、具有正义感，人格和思维都非常独立。另外，他们还有自己的信念，认为这个世界虽然是不完美的，但是可以通过自身努力将其变得更完美。当生活或者工作中出现了失误时，他们会将一切推翻并从头来过，尽量弥补之前的错误。

刘明毕业之后在家乡开了一家玩具厂，主要生产一些动漫卡通人物。生产这类产品最关键的就是玩具的安全系数。有一次在检测的过程中，刘明发现玩具中的某项化合物含量超过了自己设定的指标，虽然它并没有超过国家规定的指标，但刘明还是决定将这批玩具全部销毁。

当他的朋友得知了这件事情之后，纷纷劝他不要那么执拗，既然没有超过国家规定的指标，就没必要销毁。但是刘明却并不这么想，因为在他看来，这项化合物含量的超标明显与自己的原则和标准发生了冲突，这让原则性很强的他不能接受。

随后刘明与自己的客户联系，并取得了谅解，最终推迟了玩具交货的日期。虽然这次销毁不合格产品使刘明损失了眼前的利益，但他坚定地遵循了自己做事的原则，并且维护了自己的声誉，不仅使厂里的玩具变得更加畅销，还为自己赢得了长远的利益和口碑。

完美型人格的不完美

在现实生活中，完美主义者的表现其实并不都是完美的，因为生活当中根本不存在真正意义上的完美，每个人身上都存在或多或少的缺陷。当完美主义者处于健康状态的时候，可以称其为“睿智的现实主义者”，理性和原则会在他们身上得到完美的展现；当完美主义者处于中间状态的时候，他们是“理想主义的改革者”，讲究秩序，好评判他人；当完美主义者处于不健康的状态时，就会变成“狭隘的愤世嫉俗者”，甚至还会成为具有强迫症的伪君子。由此可见，完美主义者并不是时刻都处在一种完美的状态之中，他们也会表现出自身的某些缺点。

完美主义者在现实生活中经常会表现出较强的控制欲，会在工作的过程中经常性地干涉他人，并唐突地打断别人的工作进程，然后指出对方犯下的错误，告诉他人应该怎样改正。

他们之所以会这么做，是因为这些意见来源于自身的一种理想信念，而且这种信念是极其稳固的，它就像指南针一样，指出不认可对方的问题。所以，他们的生活会变成不断地找他人身上的“错误”，即使有些问题根本就不是他们所谓的“错误”。

因此，现实生活中的完美主义者很难做到对别人的认同。因为他们不仅会用格外挑剔的眼光看待自己，还会用同样的眼光，甚至更加挑剔的眼光来看待身边的人，这样就会使他们的交际圈变得比较狭窄。

完美主义者非常害怕别人的一些行为可能会打破自己费尽力气构建的秩序和平衡，因此他们会变得越来越挑剔，想要把身边所有的事情都纳入自己的标准和轨道中去。这也使得完美主义者在生活和工作中会对别人的能力产生不信任感，事事都要自己处理才会觉得放心，但事必躬亲则又会造成精力的浪费。

不仅如此，完美主义者在做事的时候，还会对细小的事情提出严格的要求，长时间下来，就会造成工作进程的延误，导致事情的发展偏离自己预想的轨道。当结果没有达到预定的标准时，完美主义者就会变得急躁起来。为了避免别人对自己的责难，完美主义者会先对自己进行责备，使得他们经常面对超乎常人的压力，这也是完美主义者比较容易发脾气的一个重要原因。

唐风在工作中对于每一件事都力求完美，觉得只有这样才能展现出自己的能力，才能得到别人的认可。于是，对所有的工作任务他都尽全力去完成，从不假他人之手，甚至要反复确认好几遍，才会去做下一件事情。这样反反复复检查已经超出了谨慎的范围，渐渐地进入了偏执的误区。

久而久之，唐风的内心陷入愤世嫉俗的旋涡之中，总觉得别人没有付出多少精力，就可以获得成功，而自己付出了那么多，却没有得到相应的认可和关注。于是，唐风陷入极度的纠结和不满中，脾气也变得非常暴躁，怒火很容易被点燃。

完美主义者会比平常人更加固执，在他们心中通常只认定自己的方法是正确的，很难容忍别人的不同意见，还会把注意力都放在别人的错误上，当别人出现问题的时候就会不断地加以指责。

除此之外，他们对社会关系还会存在一定的不适应，愤怒和不满是其经常表现出来的情绪。事事追求完美的态度会让他们碰许多钉子，这些不如意和失望则会让他们的生活变得比他人更加沉重，最终使得自己产生消极的心态。

完美主义者在做事的时候经常陷入犹豫不决的境地，内心会非常害怕做出错误的判断，把一些原本简单的事情变得复杂化，从而造成行为上的拖延。

由于内心的压抑，完美主义者通常会有两个截然相反的自己并存，很有可能会变成生活中的“双面人”，在不同的时间、不同的场合下，容易走向性格的对立面，例如，一个人可能既是一个名声非常显赫的公众人物，当没有人关注他的时候又可能变成一个让人厌恶的小偷。而偷盗仅仅是为了寻找刺激和释放压力。

完美主义者还非常容易发展成强迫症。因为他们在做事的过程中总是追求完美，而对自己又要求得过于严苛，使得自己的目标经常难以实现。过度追求完美会让人形成一种畸形的强迫心理，流露出焦急、烦躁等负面情绪。

具有完美主义倾向的人总是希望自己能够做到尽善尽美，因此他们对于再细小的失误和过错都难以容忍。这种心态长时间发展下去就会产生强迫倾向，不但强迫自己，甚至强迫别人变得和自己一样，或者必须服从自己的标准。

王明在生活中是一个彻头彻尾的完美主义者，对任何事情都有严格的标准和要求，并要求身边的人必须遵守自己的标准。比如，王明习惯做任何事情都要检查三遍，就会要求身边的同事对自己的工作成果也要做到再三检查。

但是在很多时候，王明做完工作之后，其实已经圆满地完成了，可他还是会用挑剔的眼光再次审视自己的工作，如果找不到可以改正的地方，就会觉得非常不舒服。这样不仅浪费了时间，还让自己的心情变得很糟糕，但是王明却从不觉得这样做有什么不好。

王明在自己的工作上找不出问题的时候，就会把注意力转移到别人身上，挑剔和审视别人的工作成果，久而久之，使得他非常不受同事的欢迎。

完美型人格在交际中的表现

完美主义者在现实生活中会有这样的表现：非常不擅长表达自己的情感，有本能的冲动，内心的情绪经常不受控制，在情绪爆发之后还意识不到这种做法造成的糟糕后果。

因此，完美主义者经常会因为糟糕的脾气，使自己的人际关系变得紧张。除此之外，由于完美主义者对生活中的每件事情都有非常高的标准，并追求完美，因此很少有人能够满足他们的要求。

所以在通常情况下，从他们的口中很难听到认可和赞美的话，更多的时候，都是批评和指责。这些人格特征使得完美主义者在交际的过程中很难赢得更多的朋友。

王林在生活中对所有事情都有很高的要求，所以他希望交到的朋友也能和自己一样。但是由于他对完美过度地追求，总觉得自己比别人更加优秀，因此总有一种“高高在上”的优越感，而这种优越感的存在使他的眼光变得非常挑剔，觉得身边很少有人能和自己并驾齐驱，因此他总是“看不上”那些人，觉得和他们没有交往的必要。

就算身边出现了几个他觉得不错的朋友，但是在交往的过程中，他也经常会用自己的标准去要求对方、评判对方，使对方很难得到认同，久而久之他们就会疏远王林。由于朋友少，使王林时常产生“高处不胜寒”的感慨，觉得这或许就是“完美”的代价，却不去思考自身存在的问题。

完美主义者如果处于一种健康的状态，在交际的过程中其实还是非常受欢迎的。因为他们会表现出很强的上进心，对自我的评价和认识也会比较客观，可以做到以一个旁观者的立场来评价自身的行为、态度、感受。因为他们拥有相当不错的判断力，所以能够在生活和工作中清楚地分辨事情的主次关系，也能明确指出身边人所犯的某些错误。

他们内心深处是不希望出现任何错误的，一旦意识到了自己的错误，也可以马上承认并进行改正。因此，在同健康状态下的完美主义者交往时，整个过程都会非常简单和舒服，只要遵循一定的原则和标准就可以了，出现错误也能够轻松得到解决。

小张是一个刚毕业的大学生，遇到了一个具有完美主义人格的上司，因此他基本上每天都是在被“挑错”中度过的。但是小张并不讨厌自己的上司，反而觉得他是一个非常有原则的人。因为上司无论做什么事都有严谨的计划和严格的评判标准，在完成一件事情的过程中，无论出现什么样的困难，他都会想办法加以解决。

而这些工作上的优秀品质，正是初入职场的小张需要学习和适应的，上司的严格要求不但没有让小张选择跳槽，反而让他更加谦虚地学习和受教。实习期结束之后，小张凭着出色的“抗击打”能力和适应能力，顺利地转正。在实习期间受到的批评和指正，也使得小张在自己的职场生涯中能够走得更顺利。

然而，健康状态下的完美主义者在现实生活中是很难遇到的。大部分完美主义者都会因为对自己的要求过高，使自身陷入诸多不如意当中，进而产生沮丧、失望等情绪，这显然已经成为一种常态。

这些负面的情绪与渴望完美之间的差距和矛盾，会使完美主义者陷入巨大的压力和不安之中，经常对自己的行为感到深深的自责。这会导致人际关系受到消极的影响，毕竟没有人愿意自己身边有一个天天自责、抱怨、挑自己毛病错误的人。

此外，即使完美主义者在生活和工作中没有遇到很大的障碍，也会让自己纠结于一些细枝末节的事件和错误中耿耿于怀，让自己的精神得不到适当的放松。在这种紧张、严肃的状态下，会使他人在与完美主义者交往的过程中感到不自在，最后只能选择远离完美主义者。

王泽在别人眼中已经算是一个比较成功的人了，但是他在同别人交流的时候，还是会经常表露出对现有成绩的不满，在自责的同时总是会进行一番说教式的谈话，他的这些行为会让其他人感受到非常大的压力。偶尔一次不满的表达会让对方觉得他是因为最近压力太大需要发泄，但是次数多了就会让对方觉得虚伪，进而导致其他人选择远离他。

有一次在王泽的说教谈话中，对方实在是忍不住了，就打断他，说道："你的成就已经远远超过了我，为什么还在不断地表达自己的不满呢？如果你都没有办法过了，那么我要怎么生活呢？你在自责的时候为什么还要带上我呢？你觉得你的生活不完美，但是我却非常享受我现在的生活啊！"

王泽听完对方的话后，依然自责地说道："我现在虽然取得了一定的成就，但是生活中依然有许多不如意的地方需要去完善。"对方听完了王泽的话之后，没有再说任何话，因为他知道无论自己说什么，王泽都有自己的一套理论进行回应。这次谈话结束之后，他决定要和王泽保持一定的距离，不愿再被王泽打扰自己原本就不多的好心情。

完美型人格在职场中的不同表现

完美主义者在工作中属于“一根筋”的类型，只要是自己认定的事情，不管遇到什么样的困难都会坚持到底。完美主义者喜欢在工作中坚持自己的原则，脚踏实地去完成自己的计划和目标，并且在此过程中会非常注重与道德有关的表现，诸如纪律、礼貌、形象、素质，等等。完美主义者在工作过程中感到快乐，是因为自己出色地完成了任务，关注点也只是工作本身，而不是工作中存在的一系列人际关系。

完美主义者会觉得自己的付出就应该得到回报，但是在整个过程中他们不会主动表达自己内心的渴望，如果没有得到认可，就会把不满发泄到其他事情上。

完美主义者如果在工作中处于领导地位的话，最明显的两个表现就是执行和控制。完美主义者的领导能力的表现通常是从制订一个完美的计划开始，然后通过明确各部门的职责去执行。因为他们是在工作中获得满足感的，因此他们能够在办公室里连续工作很长时间，为的就是制订出一个自己认为完美的计划。

在这个过程中，让完美主义者感到最痛苦的是修改方案，因为方案一旦制定出来，对于他们来说就成为需要遵守的一个原则和标准，完美主义者希望按照原定计划执行，不愿意进行新的尝试。他们会认为，自己深思熟虑的方案要远远优于新想出来的计划，外人很难说服他们做出改变。

因此，完美主义者在制订计划或者构建规则的时候会显得得心应手，但是要其处理一些新的复杂情况时，就会让他们感到手忙脚乱。除此之外，完美主义人格的领导者还非常重视下属的工作能力，因此员工的升迁概率非常大，而且也比较简单，那就是有能力者胜出，并不需要靠其他表现或手段来讨领导的欢心。

K 是一个典型的具有完美主义人格的领导者，他会为自己的员工制定一系列需要遵守的规章制度，所有员工的升迁都会遵循一套标准。这就让原本复杂的办公室关系变得简单很多，使得大家的注意力都放在工作上面，公司的效益自然也就得到了相应的提升。

但是 K 的思维有些保守，对于有风险的计划，他通常都会选择放弃。因为在他心中，风险就是危险，危险就会带来失误，失误就会给自己带来损失，从而会破坏自己原本完美的形象。

所以在工作中，K 如果对一件事情存有疑虑，就会选择静观事态的发展，并不会因为利益的诱惑而让自己去冒险。这种心理虽然让 K 保持了一定的理智和严谨，但为此也失去了许多宝贵的机会，毕竟利益和风险在一定程度上是共存的。由于 K 对完美的追求，使公司效益一直处在中等的水平，而这种现状又会让 K 经常对自己感到不满，致使他有些时候会表现得比平常偏激一点，但是他很快就会收回想要尝试的想法。

如果完美主义者是一个普通员工的话，他们在找工作的时候，会把拥有良好形象和口碑的机构作为首要选择，因为他们不仅注重自己的形象，也会对企业的形象提出要求。

完美主义者在工作中经常产生一种怀才不遇的感慨，因为他们总是希望别人能够发现自己的各种优点，而不会去主动地表现。另外，完美主义者还喜欢在明确的框架和规则下进行工作，他们会积极地去适应规则，让自己的所有行为都符合某种既定的标准和要求。完美主义者在开始工作之前，都会制订好工作计划，他们十分讨厌在工作的过程中遇到一些波动和变化。

拥有完美型人格的员工在工作中会害怕承担责任，总是担心自己没有做好而受到别人的指责，但是在工作的过程中又喜欢同别人争执，以此来证明自己的选择是对的，就算是自己出现了一些问题，也会找其他借口来为自己开脱。

除此之外，完美主义者在工作中非常喜欢和别人进行比较，别人的行为有些时候会对他们起标杆作用。如果别人做了，他们就跟着做；如果别人不做，他们也不会采取行动。他人的行为在完美型人格的员工心中也有自己的判断和考量，如果对方做的事情是自己认为正确的，完美主义者就会选择出手相助；如果对方的行为不符合自己的标准，完美主义者就会置之不理，袖手旁观。

所以完美型人格员工的工作热情受周围环境的影响十分明显。如果工作团队中存在自私自利的人，完美主义者就会表现得非常消极，因为他们不希望自己的努力成果被自私的人分享；如果整个团队的实力都普遍偏弱，完美型人格的员工也不会充分发挥自己的全部实力，会表现出和大家一样的水平。

与之相反，如果团队中的人都是训练有素、态度积极的，那么他们也会努力工作。当棋逢对手的时候，他们就会发挥出自己最大的潜能。

M 毕业之后来到一家传媒公司工作，因为他天生不爱展现自己的能力，属于那种比较害怕承担责任的人，因此大家也就不会对他有更多的关注。这种处境起初让 M 觉得非常不舒服，因为他总是觉得没人能够慧眼识英雄，没人看到自己的独特之处。

但是当 M 工作了一段时间之后，他发现周围的每个人都有着十足的干劲。当大家都在卖力地表现自己的时候，M 感觉到了一丝威胁。随后 M 开始调整自己的心态，不再通过不作为来发泄自己的不满，而是积极地投入到工作中，最后通过自己的努力赢得了别人的尊重和认可，也找到了自身想要的安全感和关注度。于是在接下来的工作中，M 开始专注自己的任务，通过任务的完成度来获得满足感。

与完美型人格的相处之道

其实，在生活中，每个人身上都或多或少会有完美型人格的影子，谁都不能完全避免与完美主义者相处，这就需要我们了解完美主义者的人格特点，然后与其更和睦地相处。他们的性格特点是：认真、公平、客观、诚实、理想主义、好争论、喜欢评判他人，等等。如果能够积极而正确地看待这些人格特质，与他们相处起来就会更加融洽。

由于完美主义者对完美有着超乎常人的追求，他们对身边的人也会有很高的要求。他们的要求和标准在某些时候甚至可以称为苛刻，但是如果我们能把他们这种苛刻要求理解为想要提醒我们身上存在的某些缺陷和错误，让我们认识到做更好、更真实的自己的一种方法，那么我们心中的愤懑和不满可能就会减少很多。毕竟“良药苦口利于病，忠言逆耳利于行”，关键还是要学会接受完美主义者这种直接、不隐晦的表达方式。

其实，一个完美主义者内心深处的终极需求就是能够得到他人的爱和认可。而在完美主义者的心中，得到对方的认可和自己一系列良好的表现是密切相关的，因为在他们心中会觉得只有自己做对了事情，才能赢得对方的理解和认可。完美主义者虽然一直在追求完美，但是他们却能清楚地感觉到在追求的过程中自己的表现是不完美的，所以自己才无法得到他人的认可。

这种心理上的矛盾和追求完美的情结，就会使他们把对自己的要求转移到别人身上。如果在交往的过程中，你能表现出对完美主义者的理解和赞赏，体会到他们其实并没有什么恶意，就能很容易收获对方的好感，维持稳定的朋友关系。

完美主义者总是习惯性地自我反思，寻找自身存在的某些问题，然后加以改正，进而达到自己想要的完美效果。所以完美主义者在生活和工作中，会对那些主动承认错误的人更加欣赏。

如果是他们自身犯了某些错误，就会陷入深深的自责当中，在这种情况下，和完美主义者交往就需要注意自己说话的态度，切忌以批评的方式同其进行谈话，因为这会让他们觉得痛苦不堪。如果在相处的过程中出现了分歧，完美主义者通常都会和对方进行一番辩论，希望可以把对方的想法纳入自己的轨道。

这时候我们如果想要说服完美主义者，就需要直截了当地表达自己的想法，在表达的过程中严谨的逻辑比感性、间接的表达更能赢得完美主义者的欢迎和尊重。因为完美主义者的内心是非常敏感的，而其对于原则性的坚持和遵循，也会让他们对拐弯抹角的说辞表现得不屑一顾。

完美主义者还会对一个人的礼节和人品提出非常高的要求，因此在和他们打交道时，一定要注意自己的仪表和言谈举止，这样才能避免不必要的摩擦和误会，使双方的关系变得更加和谐。

除此之外，和完美主义者进行交往，一定要诚实和守时，因为这两项都会影响他们对交往对象的判断。在他们心中会认定，约定的时间就是大家要遵守的一种准则，如果对方违背了这种准则，那么双方也就没有交往的必要了。

完美主义者在交往的过程中还有一个显著的特征，那就是他们总是无法及时察觉自己的怒火，即使已经通过肢体动作或者语言表现出来了，但他们本身还是意识不到。所以在和完美主义者进行沟通的时候，我们如果感受到对方的肢体动作开始变得僵硬，那么就意味着对方愤怒的情绪正在滋长，这时候我们就需要平息对方的怒气。首先要承认自己的错误，然后认可对方的说法，让对方感到安心，忘记刚刚产生的不满和愤怒。

K 是一个完美主义者，他在交际的过程中经常会向同伴表达自己的愤怒和不满。这种行为让别人觉得他的脾气太大了，很难相处，于是都自动和他保持一定的距离，尽管 K 在工作中表现得非常优秀。

但是 J 却不这样认为，而是坚持和 K 保持很好的关系。当大家都表示不解的时候，J 说道："首先，K 的内心其实是非常简单的，他的愤怒和不满只是因为他觉得自己受到了不公平的待遇，而这种不公平的根源却不是我，所以我不怕引火烧身。其次，K 的这种表达就是一种发泄，他只是想要得到朋友的理解和认可而已，这是朋友都应该做到的。最后，K 的内心不仅非常简单，而且很有原则，那就是只要你得到了我的认可，你就是我的朋友，有什么问题都可以帮你解决。”

同事们听完J的这番话之后，对K的认识发生了改变，也从他身上看到了自己的影子，慢慢地，大家都不再排斥K了。

完美型人格的自我调适

大家知道任何事都具有两面性，完美主义者对完美的追求不但可以成为自己不断成长的强大动力，也有可能成为自己成功路上的一块绊脚石。因为不完美才是生活的一种常态，当完美主义者在成长的路上不断追求完美，并用完美来要求自己和身边人的时候，现实和理想之间的差距就会让完美主义者陷入不完美带来的困惑当中，难以自拔。

完美主义者心中总是住着一个严厉的批判家，对身边的每一个细节　都有严格的要求，有时候甚至会为一件微不足道的小事而耗上大半天的工夫。人生不如意事，十有八九。完美只是一种理想，而不可能是一种存在。这就要求完美主义者能够正确看待生活的不完美，并能够对自己稍微宽容一点，有些时候，所谓的“错误”不过是人与人之间看待问题的角度和处理问题的方式存在差异而已。不懂得事物之间的差异性和多样性，而是坚持用一种原则和标准去要求自己和他人，更多的时候带来的只是无谓的烦恼。

所以在某些时候，完美主义者可以对内心的严格标准进行一定幅度的修改，必要时甚至可以对规则提出质疑，而不是一味地服从现有的规则。除此之外，完美主义者还要学会适当放松，要懂得别人的认可和爱并不只是在事业取得成就的时候才会出现，对别人的认可和赞赏也会让自己得到相应的反馈。花费全部精力去追求所谓的完美，只会让自己没有时间去思考自己真正的需求，而在工作中一直表现得非常严肃，只会让别人敬而远之，这样不仅使自己失去与他人交际的机会，而且还会陷入“别人都不喜欢我、不认可我”的纠结中。

今天是L的生日，同事准备下班之后和L好好地去放松一把。但是就在快要下班的时候，L却发现自己的文件中存在一个小错误，在他内心一直有个声音在提醒他：“现在把这个问题解决掉，今天的表现才能算是完美。”

于是，L决定先解决问题再去放松，同事们说服不了他，只好各自回家。当L处理完这个细节问题之后，内心其实并不高兴，反而为自己放了同事们的“鸽子”而耿耿于怀。其实L大可不必如此逼迫自己，适当地放松一下，并不会影响整个工作的进展。L完全可以选择今天先和同事们一块儿去放松，明天上班的时候早来一会儿，就可以把那个小错误解决了。

完美主义者有着较强的自我意识，自身的愤怒情绪、对自己和他人的评判，这些都来源于他们未被满足的个人需求。这种不满足不仅是因为完美主义者对自己有着很高的要求，致使自己不能达到预想的结果，还源自完美主义者对他人的认可度非常低。

你不认可对方，自然也就很难得到对方的认可。这就会让完美主义者觉得自己的付出得不到别人的肯定或者达不到预期的结果，愤怒的情绪自然就会随之而来。为了发泄自己的不满，完美主义者就开始在别人身上寻找错误，通过批评别人来掩盖自己的问题，导致自己对别人的抱怨越来越多，最终身边的朋友越来越少。

所以完美主义者在今后的生活中要学会宽容待己，宽容待人，更要学会勇敢地承认自身的错误和不完美，适当地表达对他人的认可和赞赏。这样就更容易获得别人的理解和认可，也可以使自己在生活中减少抱怨等负面情绪。

H 在生活中会习惯性地对他人评头论足，感觉别人身上总是存在这样或者那样的毛病，自己说出来就可以让对方加以改正。但是他的这种做法经常得不到别人的认可，有人甚至还会觉得他就是闲着没事儿干，故意在鸡蛋里挑骨头。H 的行为导致周围的人对他总是避而远之。

H 非常不解，为什么会出现这种现象？后来有一次，他遇到了一个对自己指手画脚的人，顿时明白了无缘无故被别人批评时的委屈感。从此以后，H 开始有意识地改正自己“好为人师”的不良习惯，接人待物时也特别注意自己的说话方式，很快就使自己的形象发生了改变。

完美主义者在追求完美的时候，会对自己打算做的事情进行充分的准备，期望自己的准备工作可以获得一个更好的结果。但是有些时候过分的准备会让完美主义者变得犹豫不决，因为他们非常害怕自己负责的事情出现失误，从而承担相应的责任。

除此之外，他们的生活也会非常单调乏味，所有注意力都放到工作以及生活中需要改进的地方，每天都处于一种神经紧绷的状态之中，鲜有放松的时候。完美主义者对于生活和工作的要求都很高，甚至会发展成一种偏执的状态，出现一个错误就要求全部重新来过，很难做出妥协。

其实我们对自己的能力要有一个清醒的认识，要勇敢地承担责任，学会正确地对待生活和工作中出现的某些错误，没有必要稍微出错就全盘否定。我们对自己所有的努力付出都应该加以珍惜。

G在工作中是一个有点近乎偏执的人，对于任何细节都严格对待，绝不允许在自己的视线范围之内出现错误。这种严苛的态度虽然使得工作质量得到了保证，但是人际关系却变得非常紧张，所有人提起他的名字，就想要和他保持距离。因为G可以把一个很小的错误说得比任何事情都严重，如果工作中出现了问题，他还会把责任推到别人身上，导致他在工作中常常是孤军奋战。

后来上司找到G进行了一番谈话，并对他说："每一个人都不是完美的，在与他人相处的过程中应该学会理解和原谅别人。除此之外，还要使自己的生活变得丰富多彩，不要让自己郁积的情绪无法发泄，殃及无辜的人。最重要的是你想要得到怎样的认可，就要对别人做出相应的认可，生活和工作不可能做到尽善尽美，但是赞赏和鼓励却可以让人际关系变得更加协调。"

G听完上司的这番话之后，思考了很久，在此后的工作中不再固执地让别人遵守自己的"完美"标准，慢慢地，G和同事们的关系也缓和了很多。

完美型人格与其他人格的碰撞

现实生活中，不同的人有不同的人格特质和行为表现，这就使得人们在交往的过程中经常会出现人格上的碰撞。然而，每个人某些时候都会表现出其他类型的人格特征，即每个人自身也可能存在不同人格特质的冲突。

这是因为每一种人格都有属于自己的旁侧性，旁侧性是指与自身属性相邻的两种人格，也就是说完美型人格会向第二种奉献型人格和第九种协调型人格靠近。当完美型人格倾向奉献型人格的旁侧性特质时，他们就会变得比纯粹的完美型人格更能表达自己内心的情感。如果完美型人格倾向协调型人格的旁侧性特质，他们就会变得比较随性、客观、温和，倔强的个人色彩也会得到很大程度的弱化。

其实，完美型人格与奉献型人格有很大程度的相似之处，他们具有一些相同的人格特征。例如，拥有这两种人格的人对付出都有很强烈的需求，会把自身大量的精力花费在关注别人的进步上面。

除此之外，他们总是认为自己知道对方想要什么东西，怎么做会产生别人想要的效果。最重要的是，他们在不同程度上都会压抑自己内心的渴望和需求，然后得到一种“异样”的满足感。但是这两种人格之间也存在明显的不同点，完美主义者是根据自己设定的标准去关注别人的需要，把别人纳入到自己的体系之中。而奉献主义者则恰恰相反，他们会根据对方的需要来改变自身的某些标准，使别人感到满足和快乐，而自己也随之得到想要的满足感。这两种人格之间的不同点，使得双方的人际关系也呈现出明显的差异，完美主义者因为不迁就而常常独自一人，而奉献主义者因为迁就使得自己的满足和快乐变得与他人密不可分。

完美型人格和协调型人格也有不同和相似之处。拥有这两种人格的人都非常重视原则性、坚定性、常规性，也都会认可那些努力工作且做出出色成绩的人。但是完美主义者是通过强硬的态度，要求别人符合自己的准则。而协调者则是比较积极地去适应别人的立场，从而改变或者放弃自己的立场。

由此可见，完美型人格与旁侧性的奉献型人格和协调型人格之间，存在很大程度的互补空间，因此它们的碰撞会显得比较融洽与和谐。

G 在别人眼中属于个性非常强的人，M 则属于那种非常愿意迁就他人的老好人，按理说，他们应该属于两种不同的类型，但是两人却相处得非常融洽，经常让一些旁观者大跌眼镜。例如，G 在生活中习惯设定一些自己的标准，有些时候会让别人觉得他是强迫症发作了，但是 M 却从不觉得 G 这样做有什么不对。M 认为，每个人都有一套自己的标准，想要和别人交往，就应该让自己主动向别人的要求靠拢，自己的这种迁就和付出是人际关系中不可或缺的一环。而 G 看到了 M 的付出之后，觉得 M 是理解自己的，因此也愿意和 M 保持一种良好的朋友关系。

在现实生活中，完美型人格与浪漫型人格经常会发生一些冲突，完美主义者的理想是在生活和工作中，到处都是正确的言行，内心的忧虑也主要是“如何将事情做得更好”。但是浪漫主义者的理想状态却总是围绕着事情的可行性而进行，他们花费在理论上的工夫要远远超过自己的实践。

除此之外，完美主义者通常会对内心的欲望加以克制，压抑是他们的一种心理常态，而浪漫主义者会有较强的欲望和需求，有些时候甚至会违背既有的公正准则，表现得有点自私自利。浪漫主义者的这些行为，在原则性极强的完美主义者那里是得不到认可的。

因此，完美主义者和浪漫主义者在交际的过程中并不会一帆风顺，争吵和碰撞将会非常常见。

完美主义者和享乐主义者都是一种理想主义者，他们对世界都有美好的期盼。享乐主义者在压力状态下可以转化为完美主义者，而完美主义者在安全状态下会表现出享乐主义者的某些特质。

完美主义者在安全状态下会卸下自己内心的包袱，积极地享受自己的工作状态。但是完美主义者所追求的并不是一种纯粹的快乐，工作中认真的态度、取得的成果才是他们的真正追求，因此他们在享受工作的同时，也会表现得非常严肃，通常会克制自己内心的其他想法，使注意力专注在工作上面。

享乐主义者则不同，豁达、乐观、交际、享受是他们的主要表现，他们追求的就是快乐，为了快乐甚至可以放弃一些原则性的东西，是十足的快乐至上的人。心境上的不同，导致双方在面对工作时的态度也会不同，因此这两类人在工作中的碰撞并不会显得那么和谐，他们在工作中的表现也会是两种截然不同的状态。

完美主义者是典型的工作至上，属于工作中的“拼命三郎”；享乐主义者更多的时候则表现出一种“得过且过”的心态，享受当下才是他们的追求。

K在工作中有非常强的原则性，认为工作就是工作，在工作的时候就应该把自己所有的精力都放在工作上面，嬉皮笑脸的状态根本不应该出现在工作场合中。但是J却不这么认为，他觉得本来在工作中就是处于一种长期压抑的状态，如果可以适当地调节一下气氛，会让整个工作过程变得不那么枯燥，这也会起到提高工作效率的作用。因此两人在工作中完全是不同的表现，久而久之，双方的关系就变得非常尴尬，因为他们都觉得对方的表现是在哗众取宠，是在针对自己。

Part3

奉献型人格：我们都是热心肠

奉献主义者在最佳状态下会无条件地服务他人，而这种付出是完全无条件的，不涉及任何利益诉求，也不会要求别人对自己做出回报。在这种状态下，人们关注的是自己内心最真实的感受，在善待自己的同时，不需要担心这种奉献的行为会给别人造成困扰，导致人际关系的疏远。

奉献型人格的热心肠

奉献型人格在生活中是非常乐于助人的一类人，他们觉得自己的价值只有在帮助别人的过程中才能得到体现。其实在生活中，每个人都会因为这样或者那样的原因选择帮助他人，但是通常情况下，人们的帮助也只是尽力而为，不会把帮助他人作为自己幸福、快乐与否的判断标准。

然而奉献主义者会将自己的热心肠完完全全地贡献出来，这也就使得他们成为处理人际关系的高手。奉献主义者在最佳状态下会是完全的利他主义者，他人给予的认同感和赞赏是他们快乐的源泉。

在幼年时期，奉献主义者就知道通过何种方法能够更好地讨好他人，那就是通过帮助他人获得老师和家长的肯定。在与他们相处的时候，他们能想你所想，急你所急，你需要他们的时候，他们总是愿意第一时间出现在你的身边，给你提供帮助。

尽管有些时候，奉献主义者的这些表现会给他人造成困惑，但是他们通常能通过自己的真心诚意，让对方感受到自己的善意，进而使得双方的关系保持融洽的状态。他们坚信，自己付出这么多爱，别人就一定会付出同等的爱来回报自己，因此他们的热心肠实际上是在满足自己内心深处对爱的需求。

除此之外，虽然奉献主义者对自己能满足他人的需求感到骄傲，但是经常会忽略本身的需要，他们会觉得："虽然他们都需要我，但是我不需要任何人。"这就导致在他们的热心肠之下，隐藏着自身特有的一种偏执。所以，在现实生活中，如果奉献主义者得知自己的朋友在出现问题的时候没有向自己求助，那么他们的内心就会感到受挫，觉得对方这种表现是对自己的一种不信任。

王乐是一个典型的奉献主义者，在生活中从来都是"朋友有难，拔刀相助"，但是他的这些做法有些时候也会让朋友感到压力和不解。因为需要帮助，说明自己在生活的某些方面过得不如意，所以没有人希望自己总是被帮助。

有一次，王乐发现朋友在生活上出现了一些问题，但是没有向自己寻求帮助，对此他非常伤心，觉得朋友没有把自己放在心上，最后使双方的关系慢慢变得冷淡起来。而那位朋友在内心深处是不想失去王乐这个朋友的，因此，他又找了一个借口找王乐帮忙。听到对方需要帮助时，王乐也不生气了，马上付诸行动去帮助他。对于王乐来说，朋友对自己的需要就是对自己最大的认可。

奉献主义者通过情感的调节，使得自己和别人保持情感上的同步。在交际过程中感同身受的表现，使他们明显感觉到自己变得更受欢迎了。所以，有些时候他们会强迫自己去改变自身的习惯，使自己变得更加符合他人的需要，从而确保自己受欢迎的程度。

因此，奉献主义者在交际的过程中会尽可能地伸出自己的援手，表现出自己无私、谦卑等美好的一面，来获得别人的关注和认可。所以，人们在同其交往的时候经常能感受到他们的热情洋溢和宽厚仁慈。但是他们的这种表现有些时候会让人觉得过分亲昵，从而让人感受到的不是热情，而是一种入侵。

因为在这种情况下，奉献主义者总是会以帮助他人的名义，去干涉他人的各种活动，想要成为别人的依靠。但是这些行为在一定情况下会成为双方关系破裂的一个缘由。

M 在生活和工作中都是一个习惯独立的人，做任何事情都不愿意被别人干涉。最近，M 认识了一个朋友 N，两个人在各方面都比较谈得来，但是 N 的一些行为经常会让 M 感到自己受到了冒犯。例如，当 N 听说 M 最近在忙一件事情，就会打电话来提供自己的建议，但他却完全没有考虑过对方是否需要，也没有想过自己的建议是否会给对方带来困扰。

如果仅仅是提供建议这一件事情，其实不会让 M 觉得反感和难做，让 M 觉得无奈的是，N 在提供完建议之后，还会说服对方一定要接受自己的想法，否则绝不罢休。如果最后 M 没有采纳 N 的建议，N 就会疏离 M。

奉献型人格的发展阶段

每种人格在不同的人身上会有不同程度的表现，也就是说它在不同的环境下和不同的人身上会呈现出不同的发展阶段。奉献主义者在健康阶段是不求回报的利他主义者，也是生活中受大家喜欢的关怀者和助人者。

奉献主义者在最佳状态下会无条件地服务他人，而这种付出是完全无条件的，不涉及任何利益诉求，也不会要求别人对自己做出回报。在这种状态下，人们关注的是自己内心最真实的感受，在善待自己的同时，不需要担心这种奉献的行为会给别人造成困扰，导致人际关系的疏远。他们对别人的关心和帮助在一种良性的循环状态中运行着。

奉献主义者在最佳状态下，不会苛求自己从被帮助者那里得到爱与关注，他们可以客观地评价自己帮助他人的心理需要，也能公正地认识和看待别人对自己的回报。对他们来说，这时候的付出更多的是一种选择，而不是一种强迫。

纵使奉献主义者的表现不是那么无私和完全利他，但是在健康状态下，他们还是非常乐意帮助他人，他们的同情心和恻隐之心要远远地超过其他几种人格。他们的同情心能使自己感受到他人的需求，然后把别人的需求转化成自己的一种需求，从而去帮助他人。

在这种状态下的奉献主义者，能够站在他人的立场上思考问题，使自己的行为符合他人内心的需求，进而获得自身心理上的满足。他们在交际的过程中会表现得十分慷慨，而这种慷慨更多的是精神层面的一种表现，因为他们在物质上可能并不富裕。他们对他人强烈的关怀之情，会使得自己投身到一些慈善活动中，靠自己的能力来帮助别人，即使这种帮助会使自己的生活变得紧张。

除此之外，健康状态下的奉献主义者还十分乐意分享自己的一些经历和爱好，把对方笼罩在自己的关爱之下，并把给予他人有价值的东西看成自己快乐的源泉。因此，分享是他们非常受人欢迎和尊敬的美德，而且他们能够充分地享受生活的乐趣，倾听别人内心的想法，用自己的幽默和慷慨去帮助对方、鼓励对方，使对方发现自身的优点，最后变得振作起来。

健康状态下的奉献主义者总是能给予他人需要的赏识、认可、关怀，而这些赏识往往都是最为真挚的。因此，他们同别人总是能保持融洽的人际关系，使得周围的氛围变得非常和谐。

K 深受大家的喜爱，因为她总是能在朋友需要的时候出现在他们身边。有一次，K 的朋友 L 参加了一个非常重要的面试，但是没有通过，再加上那段之间 L 的家庭经历了一些变故，L 整个人变得非常脆弱。

当 K 得知了这个消息之后，立刻请了一天假去陪 L。在陪伴过程中，K 耐心地倾听 L 诉说自己的压抑和不快。她不断地鼓励和安抚 L，慢慢地 L 变得开朗起来，自此以后，两人的关系变得更加友好了。

奉献主义者在一般状态下是一个热情洋溢的朋友，他们会用自己的真诚和善良去对待朋友，会表露出乐于助人和大方的一面。但是，他们的付出不再是无私的，在心理层面，他们开始把原本聚焦在别人身上的注意力转向了自己。

在这种状态下，他们的付出是为了确保他人是爱和认可自己的，这时候他们的焦点是自己，不再是他人。因此，他们也开始担心自己做得不够好，不能真正赢得别人的认可，逐步把人际关系的亲疏程度等同于别人对自己喜爱的程度，把客观的评判标准排除在外。这时候，奉献主义者最典型的困惑——“我若不帮助别人，就没有人会爱我了；别人不需要我的帮助，也就是不再爱我了”，就会表现得淋漓尽致。

奉献主义者在一般状态下是自信的，他们相信自己与他人的分享是有价值的，他们也能对自己的所作所为给出一个合理的解释。然而，此时他们的自我意识开始膨胀，尽管他们会竭力压制自己内心的一些欲望，但是当付出没有得到对方的反馈时，负面情绪就会爆发。

这时候他们付出的爱和赞美不是免费的，而是贿赂他人，让对方爱自己的一种表现。而在这个过程中，最让人觉得好笑的是，他们总是把注意力过多地放在别人的生活上，为自己寻找表现的机会，却不能对自己应负的责任做到尽心尽力。尤其是他们有了家庭之后，对自己家庭的问题和状况并不是很上心，而是沉醉在扩大自己的交际范围当中，希望能获得更多的爱与关注。

一般状态下的奉献主义者会觉得自己做了很多好事，为别人付出了很多，所以希望对方能因此感激自己。如果别人将他们的付出看成是一件正常的事情，而没有流露出感激之情的话，他们就会觉得自己的付出是不值得的，对方是忘恩负义之徒。这个阶段，他们表面上是在帮助别人，但其内心却非常注重自身利益和自我满足感，他们甚至会觉得自己的帮助在别人的生活中是必不可少的，进而在所有的交际场合中大谈自己“乐于助人”的美德。其实，这时候帮助他人已经成为他们自我欣赏和自我满足的一个副产品。

J在生活中喜欢把自己无私的一面展现给大家，别人对他的赞赏会让他觉得非常享受。但是J经常会感到失落和沮丧，因为他觉得有些时候帮助了别人，可是这些人却没有向自己表示感谢。时间久了，J觉得大家把自己的善行当成了一件理所应当的事情，这种转变让J觉得非常失望和愤怒。

于是，J就开始发展新的人际关系，寻找新的展示对象，从而获得他想要的“感激之情”。但是，这也导致J的身边没有什么非常要好的老朋友。

奉献主义者在不健康的状态下会发展成为一个自我欺骗的操控者和一个高压性的支配者，这种转变通常源自其在生活中受到了巨大打击。这时候他们会以帮助他人为借口，然后参与到别人的生活中，通过态度强硬的语言或者行为，使得对方按照自己的意愿采取行动，借此获得自己想要的回报。但是在这种情况下，他们通常会觉得自己得到的回报不够，从而使得操控行为转变成一种占有欲。这样不仅会失去原有的良好人际关系，还会使自己难以建立新的人际关系。他们在生活中不会再以“施恩者”的面貌出现，而是成为一个抱怨者，开始向周围的人讲述自己受到的不公平待遇。在这个过程当中，他们并没有意识到问题出在自己身上，总认为是他人对不起自己，自己付出那么多，却得不到相应的回报。

奉献型人格在交际中的行为表现

在一般情况下，奉献主义者无论是在时间上，还是在精力或物质上，都能表现出慷慨大方的一面，主动、乐观、愿意帮助他人是他们性格中最为突出的一面。他们的内在欲望就是能够帮助别人，他们在乎的是自己被别人需要的那种满足感，因此他们总是愿意去帮助别人。

除此之外，奉献主义者在交际的过程中还非常善于聆听，聆听之后会提供一些帮助和建议，因此很多人在遇到困难的时候都愿意向他们寻求帮助。所以，他们在交往中能够建立起比较融洽的人际关系。

奉献主义者在同别人交往的过程中，总是用自己的热情和信心，使原本困难的事情变得容易起来。对于他们来说，存在的意义很大程度上就是在人际交往的过程中展现自己的价值。他们会通过关注他人的需要、想法、潜能等，帮助对方展现出优秀的一面，并鼓励对方勇敢地面对生活中的问题和困难，在使对方信心倍增的同时，收获对方的感激和回报。

对于奉献主义者来说，满足他人的需求、讨好他人是自己生长环境中获得认可的最佳途径，因此他们会主动地改变自己，使自己能够满足他人的需要。所以在同奉献主义者交往的时候，要经常对他们的付出表示认可和感激，这样才可以使双方的关系处于融洽和谐的氛围中。

M是一个懂得感恩的人，不管别人对自己的帮助是大是小，他都会表达出感激之情，因此很多人都愿意同他打交道。

一次，同事问他道："你天天这样表达自己的感激之情，不怕让别人觉得你很客气，从而疏远你吗？"M说道："当然不会了，任何人的付出在得到对方的回应之后，总是能感到神清气爽。交情就是这样，在不断的交往中才能得到满足和加深。如果对方付出后没有得到回应的话，几次之后就会让对方觉得怅然若失，次数多了就不利于双方关系的稳定。"M的同事听完之后，信服地点了点头。

奉献主义者在同别人交往的过程中会努力地让自己融入进去，他们甚至会通过恭维和讨好的方式，使周围保持一种和谐、快乐的氛围。在整个交际的过程中，他们的关注点大多数时间都会放在别人身上，而自己则处于"随时待命"的状态中，希望能够随时满足别人的需求，但这种做法经常会使他们筋疲力尽。

然而，如果别人能够及时地表现出对他们的赞美或者认可的话，他们又可以满血复活。奉献主义者的这种行为使得他们对自身的关注度不断降低，甚至会忽略自身的一些需求。这就要求他们在交际的过程中，要适当地关注一下自己，不仅要善于待人，也要善于待己。

H在生活中非常乐于帮助他人，周围的邻居、同事基本上都得到过他的帮助。帮助他人虽然给H带来强烈的满足感，但是当他一个人的时候，经常会觉得生活过得有点枯燥和疲惫。因为H的注意力一直聚焦在别人身上，为了成为别人眼中的“好人”，经常会压抑自己的想法，最终他失去了自己的爱好和兴趣。

奉献主义者在和朋友相处的过程中，在最初的阶段会选择改变自己去获得对方的认可，他们甚至可以放弃自己的一些业余爱好，使自己成为对方想要的那种人；也会为了讨好对方，使自己的生活并入到对方的生活轨道中。

在这个过程中，奉献主义者不可避免地会产生不同程度的失落感，有些时候，甚至会觉得失去了自己。因此到了后期，他们就会产生一种强烈的渴望，想要从对方的生活中脱离出来。

这就提醒我们，与奉献主义者交往，要时不时地表现出对他们的欣赏和认同，避免他们为自己做出太大的改变，不要让他们成为别人眼中期待的模样，从而避免在交往的后期出现障碍和问题。

奉献主义者在付出或者改变的时候，总是习惯性地替对方做决定，而不考虑对方是否需要帮助。所以，他们心中的失落感有相当一部分源自自己的“自作聪明”。

曾经看到过这样一则笑话，在公交车上一位老奶奶一直站着，却没有人给她让座，一个人看到后就把座位让给了老奶奶。老奶奶坐下之后，他内心非常高兴，觉得自己帮助了别人，便站在座位旁边看着窗外的风景。过了几站之后，老奶奶站了起来，他以为老奶奶想让他坐下歇一会儿，就连忙把老奶奶按到座位上，对她说道：“您坐吧！我不累。”过了一站，老奶奶又站了起来，这个人又要把老奶奶按在座位上，这时候老奶奶无奈地说道：“我要下车了，都已经坐过一站了。”这个笑话也提醒我们，在同奉献主义者交往的时候，不要被对方的热情给“绑架”了，要善于表达自己的想法，不要因为不好意思拒绝，而使双方的关系变得尴尬。

奉献型人格在职场中的表现

在工作当中，奉献主义者会非常希望自己的表现能够得到领导的认可和赞赏，这是他们安全感的主要来源，否定对于他们来说是致命的打击。工作成果对于他们来说并不是最重要的，得到领导的认可才是他们工作的第一要务和主旨。

他们能够在复杂多变的办公室环境中顺利地生存下来，就是因为他们懂得怎样与同事和领导保持良好的人际关系。奉献主义者适合的工作环境是需要经常开展人际交往、具有公益性质的团队以及能够接近权威的工作场合，等等。

奉献主义者如果在工作中处于领导地位的话，他们就会成为非常有效的领导者，这与他们喜欢被人依赖，善于展示自己慷慨的心理是完全契合的。因此，奉献型的领导者非常善于建立与下属之间的人际关系，能够在自己的期望之下构建一个生机勃勃的工作环境，提高员工的工作效率。

除此之外，奉献型的领导者还会非常善于挖掘具有潜力的新人，帮助他们顺利地发展成为自己想要的员工。

奉献型的领导者的进攻性和竞争性更多地表现在公关方面，他们的进攻总是隐藏在“帮助”之下，因此他们会非常注重自己的公众形象，从而获得更多的认可，让自己领导的团队拥有积极的社会影响力。

另外，奉献型的领导者还会充分发挥自己的交际才能，寻找合适的合作伙伴进行结盟，这是他们最为常用的一种竞争方式。奉献型的领导者另一个特点就是以发现并满足客户的需要作为立身之本。他们的关注焦点会时刻放在客户的需求上面，并根据客户、市场的需求变化适时地做出调整。

但是，他们在工作中有时候会表现得比较敏感，任何可能存在的不尊重都会让他们变得不高兴，而且这种情绪还会经常被带入到工作中。因此，在面对奉献型的领导者时，一定要表现出对其应有的尊重和赞赏。

G是一个典型的奉献型领导者，同上司和下属都能保持良好的合作关系，但是G的升迁之路却并不一帆风顺。在他刚刚当上部门经理时，其他人非常不服气，认为他就是通过“讨好”上司，才得到经理的职位的。

听到这种言论之后，G并没有为自己争辩什么，而是针对市场的变动做了一份客户心理变化的研究报告，然后把自己的想法以文件的形式呈交给了上司。上司看过之后，觉得G的这个研究报告能为公司产品在激烈的竞争中打开一条新的销路，于是就批准了G的策划。随后公司开始调整销售策略，使得产品和价格更能满足客户的需求，果然产品的销量得到了大幅度的提升。这时，大家才相信

G确实有担任部门经理的实力。

拥有奉献型人格的普通员工是办公室里的润滑剂，能调节同事之间的关系，使工作环境变得更加和谐。他们在工作中总是能出色地完成任务，并提出建设性的建议，是公司中最容易得到晋升机会的一类人。但是，如果他们的领导是那种高高在上、把员工当成仆人一样使用的人，那么他们就很难在工作中保持强烈的兴趣和热情。因为当自己的付出总是得不到领导的回应时，他们会产生深深的挫败感。

因此在面对奉献型的员工时，上级要给他们提供一些必要的支持和认可，就可以为公司赢得一名非常优秀的员工。

奉献型的员工在工作中经常会为别人的梦想而积极地奉献自己的力量，这就使他们拥有良好的人际关系，因此他们的升迁总是与协助他人密切相关。在别人看来，奉献型的员工能晋升，更多的是因为他们运气好，而殊不知，这种好运气全是他们帮助别人换来的。

在与他人的合作中，奉献主义者有时会表现得非常矛盾，一方面他们想要获得其他员工的喜爱，另一方面又想赢得领导的关注。想要赢得团队成员的喜爱，他们就需要压抑自己的攻击性；而想要获得领导的青睐，就需要在团队竞争中获得优胜。在工作中他们的最大动力来源是自身的情感，情感的满足会让他们工作时充满干劲，也会最大限度地发挥他们的积极性。因此，积极的奖励制度和上司的认同会让他们充分地发挥自己的能力。

M非常在乎别人的评价，他总是习惯性地通过别人的眼睛来评判自己，别人的认可和赞赏会让他充满活力和干劲；相反，如果他的付出没有得到他人的关注或回应的话，就会觉得非常无趣。一次，M在工作中因为一个建设性的意见，得到了上司的认可，他在那段时间内的业绩也得到了大幅度的提高，因此，M在开会时受到了表扬。

得到赞赏的M从此一发而不可收，每次都能出色地完成自己负责的工作任务，并积极地帮助同事，受到了公司上下的一致好评。没过多久，公司决定新开一家店铺，结果M得到了主管的提名，并在最终讨论中获得了认可和肯定。

怎样与奉献型人格更好地相处

奉献型人格在九种人格中算是非常容易相处的一种类型，因为奉献主义者在交际的过程中特别注重双方关系的培养和维护，也能主动地发现别人的需求，并去满足对方的需求。因此，奉献主义者通常都能建立良好的人际关系。但是，人际关系从来都不是一方努力的结果，任何人的付出都希望能得到对方的回报，奉献主义者尤其如此。他人对其帮助的认可和回应，会让他们觉得实现了自身的价值，证明自己是有人爱的，这一点对他们来说至关重要。

除此之外，奉献主义者在自身的发展过程中也存在不同程度的局限性，有时候会陷入思维的死胡同，无法找到出口。所以，我们在同他们交往时掌握一些方法和技巧，能使得双方的关系变得更加和谐。

奉献主义者在交际中，总是凭借自己的古道热肠和乐善好施，建立起想要的人际关系状态。在这个过程中，你对他们的肯定和欣赏会使他们变得更加快乐。相反，如果你对他们的帮助习以为常，不做出积极的回应，他们就会觉得自己的付出是不值得的，认为自己的感情受到了愚弄，从而脾气就会变得喜怒无常，难以捉摸。所以在同奉献主义者交往的过程中，要适时地表达自己对他们的认同和赞赏，这样才能使得双方的关系更加融洽。

奉献主义者总是习惯性地给予他人帮助，这种帮助有些时候甚至会超出常人的想象。而且在交际的过程中，奉献主义者会十分讨厌别人的拒绝。因为他们的安全感正是来源于帮助别人后得到的感激之情和认同感。因此，当你想要拒绝他们的好意时，一定要详细地告诉他们原因，争取他们的理解，否则就会让双方的关系陷入尴尬的境地。

M 是一个不善于表达自己想法的人，对于他人的帮助，总是习惯性地接受之后默默地放在心里，然后通过行动来表达谢意。有一次，M 的感情生活出现了一些问题，但是他不想跟别人说，只想自己安静地度过这段时间。但是他的一个朋友 N 得知了这件事，就想帮助 M 排遣和调整一下心情。因为 M 的心情不佳，对于 N 的好意开解并不是很上心，但 M 也没有跟 N 说清楚自己的内心想法。碍于 N 的好意帮助，M 不好意思直接开口拒绝，就非常不自然地接受了 N 的好意。M 的这种表现让 N 感到自己不受重视，自己的一腔热情却换来这么冷淡的回应，最后两人就莫名其妙地陷入了冷战。

奉献主义者注重的人际关系是一对一的，也就是说，他们在同你交谈的时候，希望能从你这里得到认可或者赞赏，而不是转达其他人对他的喜爱。因为他们的内心是非常敏感的，你虽然说的是别人对他的喜爱，但是他会从这份喜爱中，猜想别人对自己是不是还有不喜爱的地方，为此，他们会陷入冥思苦想的纠结之中。

除此之外，在谈话和交流的过程中，奉献主义者会非常重视对方的态度，真诚而直接的态度通常能让整个谈话过程变得颇为顺畅，也会使双方的隔阂得到化解。另外，在交流的过程中，如果你能表达出对其衣着和成就的赞赏，就会非常容易赢得他们的好感，使得双方有一个良好的沟通氛围。

奉献主义者在维持人际关系的过程中会花费大量的精力，期望自己的各个方面都能得到他人的好评，甚至有些时候会刻意“讨好”他人。其实，他们在长期的人际交往活动中，已经养成了“见什么人说什么话”的习惯，但是这并不意味着他们对对方的情感不真诚，也不能因此说明他们是在伪装自我，通过迷惑他人获得对方的好感。而是因为他们习惯在正面赞赏别人的过程中，获得自己想要的安全感。

但是奉献主义者在交往中，长期把注意力放在别人身上，不可避免就会忽略自己的需求，有些时候，他们还会把自己变成别人期待的样子。而这种压抑通常是存在风险的，如果自己这种“委曲求全”得不到对方的回应，奉献主义者就会非常容易陷入崩溃的边缘。

这就需要我们在同奉献主义者相处的时候，能够明确地表达出自己喜欢的就是他们原本的样子，不需要做出改变；也可以在谈话的过程中，将话题引到他们自己身上，并告诉他们，自己是多么想要了解他们，使其不再将注意力放在别人身上。

除此之外，奉献主义者在同别人交往的时候，希望自己的帮助能够被别人感受到并有所回馈。他们通常还希望自己被放到一个“特殊”的位置上，从而得到区别对待。因此，如果对他们表达谢意和好感的时候，能做一些与其他人不同的事情，就会让他们觉得受到了重视。

另外，如果你想帮助他们，并为他们做一些事情的时候，可以直接告诉他们自己的真实想法，那么他们便会愉快地接受你的付出，而不会刺激他们的自尊心。

K 是那种经常为身边朋友不停地张罗的人，你若对他的张罗和帮助表达谢意，他会非常乐意接受，以后也会更有动力帮助你。有人说，K 的好人缘是通过“讨好”得来的，根本经不起考验。

K 的朋友 L 听后非常气愤，想要证明这种说法是错误的。有一次，由于 K 的公司形势不好，裁了一大批员工，K 虽然没有被裁，但也觉得自己在这家公司没有什么发展前途，于是就想辞职单干。L 得知了这个情况之后，就和朋友商量了一下，拿出一部分资金支持 K 创业，当 K 想要拒绝的时候，L 对他说道：“你不要急于拒绝，我们这样做首先是因为知道你的能力，其次也会让我们非常开心，觉得我们总算能帮你一次了。”

K 听完之后非常感动，觉得自己付出的一切都是值得的。随后 K 凭借自己的好人缘，在创业之路上慢慢地站稳了脚跟。

奉献型人格的自我修正

在现实生活中，每种人格都存在不同程度的局限性，如果想要有更好的发展，就需要正确认识自身存在的问题，然后积极地进行自我修正和超越。奉献主义者在同别人交往的过程中，大部分注意力都集中在别人身上，希望自己能够准确、及时地发现别人的需求，然后去满足他人，获得自我心理上的满足。他们的这种付出经常会让他们觉得筋疲力尽或者受到的重视不够，心理上的矛盾和落差会使他们的“助人为乐”变成“自找罪受”。

针对这种情况，我们需要提醒一下奉献主义者，要清楚地认识到自己不能总活在别人的需求之中，要学会从自身寻找安全感和认同感，将对别人的关注和爱适当地转移到自己身上，让自己的感受与奉献维持一种恰当的平衡。

奉献主义者在试图帮助他人的时候，首先要确定自己的动机，单纯地助人为乐是一种令人钦佩的美德，但是当帮助他人变成一种“施恩图报”的手段时，所期待的结果其实已经离失望不远了。所以奉献主义者在同别人进行交往的时候，需要保持一种头脑清醒的状态，要清楚自己对他人的价值，既不要“恃功而骄”，过分夸大自己的帮助，期待过高的评价；也不应该表现得过于卑微，让自己的帮助成为讨好。

除此之外，在帮助他人的时候，还要弄清楚别人是否真的需要帮助。本能和直觉虽然能够让我们体会到他人的情绪状态和内心需求，但是这并不能说明对方愿意接受帮助。因此奉献主义者在施以援手之前，要同对方进行深入的交流，这样才能避免“越帮越乱”的尴尬局面。

L 在生活中总是喜欢帮助别人，但是有些时候，事情的结局并不像他想的那样，在自己的帮助下，虽然得到了对方的感激之情，却让双方的关系变得非常尴尬。

事情是这样的，在一次美术课上，L 早早地完成了自己的作品，开始四处张望。此时，L 的同桌正在努力作画当中。L 就想帮助一下同桌，以便对方能够在规定的时间内顺利地完成任务，于是他就开始帮同桌的作品上色。

但是同桌并不觉得时间不够用，认为自己能够独立完成，而且作品的创意点在哪里，在上色的时候就能进行着重表达，于是就拒绝了 L。而且同桌为了集中精力绘画，并没有把这些想法告诉 L，遭到拒绝的 L 觉得对方是对自己的能力产生了怀疑和不信任，但 L 的这番心理变化，同桌并不知道。于是，两人之间就不再像以前那样亲密了。

奉献主义者在人际交往的过程中，有些时候会为了满足他人的需求，压抑自己内心的一些欲望。其实这并不是一个好现象，一味地为他人考虑而忽略自身的一些需求，从某种程度上来讲是违反人的本性的。另外，给予他人太多的帮助，会使得自己的期望值不断地提升，甚至会产生一种“他人都对不起我”的偏执想法。

这就要求奉献主义者不要一味地为他人而改变自己、委屈自己，更没有必要在付出的时候，为自己预定一个回报的期望值。除此之外，也不用把送礼物和称赞当成一种别人喜欢自己的表达方式。

奉献主义者在判断自己与别人的关系时，会把交际的密切程度作为关系亲疏的判断标准，但这种判断并不是完全正确的。例如，奉献主义者总是在关注他人的言谈举止，却忽略同自己亲人、爱人之间关系的维护和交流。而家人显然要比那些刚认识或想要认识的人重要得多，一时的交际频繁并不能说明双方关系的亲疏程度。

这就提醒奉献主义者要关注并满足自身的需求，要认识到自己的价值不仅在于满足他人，更需要满足自身的需求。除此之外，奉献主义者在交际的过程中还要学会适当地说“不”，要敢于承认自己在别人的生活中并不是必不可少的一员，要懂得给朋友独立处理问题的机会。

另外，奉献主义者还要明白，自己的成功并不一定需要权威的认可，强者的保护和认可固然会让自己感到一时的安心，但是学会自我肯定才能成为强者。奉献主义者还要学会在避免自己的“帮助”打扰别人的同时，更要学会避免以“帮助”的名义来介入、控制别人的生活。

G 在生活中是一个非常容易失落的人，因为他总觉得别人需要自己的帮助，而且只有在自己的帮助下事情才能更加顺利地发展，但是却很少有人愿意找他帮忙，这让他怀疑自己的能力和价值。

其实，别人不找 G 帮忙是因为：一方面，大家都想凭借自己的努力去实现目标，寻求他人的帮助就意味着要承担相应的“人情债”；另一方面，当别人找 G 帮忙之后，G 就会时刻强调自己对对方的帮助，这种行为会让对方觉得，好像离开了他的帮助就不能成功似的。

一次，G 的好朋友 K 出现了一些问题，但是 K 并没有开口向 G 寻求帮助，而是选择一个人独自面对。G 得知这个情况之后非常生气，觉得 K 不拿自己当朋友，于是就找到 K，询问他为什么排斥自己的帮助，K 想了想说道：“我不是排斥你的帮助，而是想试试自己是否能够独立渡过难关，现在你看我不是已经坚持过来了吗？”G 听后陷入了沉思当中。有了这次经历，G 再也不“主动”伸出援手了，而是让朋友拥有独立处理事情的机会。

奉献型人格与其他人格的碰撞

奉献型人格与浪漫型人格存在一些共同的人格特征，它们都属于以“心情”为中心的人格类型，因此他们的价值观和世界观都会受到情商的影响。也就是说，情感在他们心中占有重要的位置，别人的看法和认可对自己的行为和心理都会产生至关重要的影响，他们会使自己的情绪、感受与他人保持一致，从而维持自己与他人之间的关系。奉献型人格是浪漫型人格的压力类型，浪漫型人格则是奉献型人格的安全类型。

奉献主义者和浪漫主义者在现实生活中都是那种拥有良好人际关系的人，他们的内心都很敏感，也都非常乐意帮助他人。但是奉献主义者在安全状态下会变得更加理智，具有独特的创造力。

除此之外，奉献主义者经常会主动关注他人的需要，并且愿意为满足他人的心理需求让自我做出一些改变。但是浪漫主义者则不同，他们通常表现得更加关注自我形象，注意力也会放在自己身上，使得自己的行为服从内心情感的变化。

因此，奉献主义者在同浪漫主义者交往的时候，在一般情况下，两者并不会出现太大的冲突，因为奉献主义者的关注他人正好同浪漫主义者的关注自我实现良性的互补。但是两者在交往的过程中都会克制自己的情感，避免自己全身心地投入进去。当两个人近在咫尺的时候，双方会选择后退，让彼此都能处在安全范围之内；但当两个人的距离变远之后，双方又会被对方吸引，再相互靠近。

M 和 N 在生活中是非常让人羡慕的一对恋人，他们两人总是能很好地相处。其实，在最初的时候，他们的关系并不是现在这样和谐与美好。

当时 N 对 M 的付出感到非常疲惫，M 的付出和帮助也总是让 N 觉得自己不完美，总觉得自己在很多事情上都需要他人帮助似的，而且 N 还认为 M 这么尽心尽力地满足他人的需求，是对自己的一种剥削。

另外，N 还非常讨厌 M 对他人的恭维和调情，觉得他这样做显得非常轻佻。但是 M 作为奉献主义者是非常喜欢挑战的，即使 N 对他有种种不满，即使 N 拒绝他，他都没有感到失望，而是选择继续追求下去。

最终 N 被 M 的真诚打动，相处久了才发现 M 对于感情并不像表面上那么轻佻。而且在随后的交往过程中，N 也表达出自己的内心想法，自己喜欢的是现在的 M，而不是为了自己做出改变的 M。M 听后便不再刻意地改变自己，从而变得更自信，两个人的相处也因此变得更加融洽。

在现实生活中，有人会觉得奉献主义者同怀疑主义者很难区分，因为他们表面上看起来都很热情、友好，并且会尊重他人的想法和感受。但是仔细分辨的话，则会发现两者之间存在很大的不同。

怀疑主义者在做事的过程中一般都是小心谨慎的，他们不仅会怀疑别人，也会怀疑自己，不相信什么事情是绝对必要的，帮助当然也不例外。他们取悦他人，只是为了获得想要的安全感和确定性，而奉献主义者则是为了获得别人的认同。

因此奉献主义者在同怀疑主义者进行交往的时候，一般情况下不会维持很长的时间。怀疑主义者在交往的过程中会不自觉地思考，他为什么要帮助我？他这样做有什么好处呢？然后就会同奉献主义者保持一定的距离。而奉献主义者最讨厌的就是对方拒绝自己的帮助，这会让他们得不到认可，进而产生深深的挫败感。

H 的防备心非常重，当别人向他表达好意时，他总是想要探究一下他们这样做到底是为了什么。他的这种防备心理使其在生活中没有什么朋友，而且非常不习惯无缘无故地接受他人的帮助。

但是 H 的朋友 L 则是一个非常乐意帮助他人的人，L 习惯在帮助别人的过程中得到心理上的满足，因为他觉得自己的价值和能力得到了体现。一次，L 发现 H 最近的生活有些拮据，就私下向 H 的账户上转了一点钱。H 收到 L 的转账之后非常惊讶，惊讶之余感到自己的生活受到了干涉，整个人就变得闷闷不乐。

L 没有想到，自己的一次好心之举会使双方的关系受到了冲击。随后 L 便把自己的本意向 H 解释了一番，解释清楚之后，他们的关系才得到了修复。

Part4

实干型人格：我们都是“工作狂”

实干主义者无论是面对生活，还是对待工作，都会表现出一种积极向上的正面形象，他们这种状态经常能把周围人的士气带动起来，别人也会不自觉地被他们的实干精神影响，积极投身到工作中，并在他们的感染下，发挥出更大的潜力，表现得更加出色。

实干型人格踏实的实干精神

实干主义者在生活和工作中，是非常注重自身成就的一类人。他们的困惑是，“如果我没有取得相应的成就，就不能证明我的价值和优秀，也就不会有人爱我了”，所以他们经常拿自己的成果说话。

他们是典型的“工作狂”，总是在奋力追求成功，借此来赢得别人的关注，争取自己想要的升职和奖励。因此，默默无闻的付出一般不会出现在他们身上。

对于实干主义者来说，整个世界就像一个优胜劣汰的竞技场，只有成为成功者，才能在这场竞争中胜出。

所以，他们在工作中坚定地遵循这一法则，会表现出很强的竞争性和攻击性。他们在理想状态下会表现得非常自信，对自己的潜力和目标也有清晰的认识，在生活和工作中整个人的精力是相当充沛的。

因此人群中那些衣着光鲜、紧跟时尚潮流、目光炯炯有神、说话语速较快的人，很有可能就是实干主义者。

实干主义者在生活中积极地追求自我价值，想要在激烈的竞争中脱颖而出。他们认为，生活和工作对于自己来说就是一场自我挑战，但不能简单地归结为一种击败他人的欲望，因此他们的行为貌似极具威胁性，实际上并不是在攻击他人，而是想要证明自己的能力。所以人们在同其交往的时候，虽然最初会感觉到很大的压力，但是随着彼此关系的加深，就会明白他们内心与作风的简单、直接。

实干主义者每时每刻都在想如何尽其所能地实现自我，所以他们在生活和工作中是一个非常注重效率的人，不喜欢浪费时间。

实干主义者无论是面对生活，还是对待工作，都会表现出一种积极向上的正面形象，他们这种状态经常能把周围人的士气带动起来，别人也会不自觉地被他们的实干精神影响，积极投身到工作中，并在他们的感染下，发挥出更大的潜力，表现得更加出色。

M 原本的工作环境非常安逸，大家都处在一种没有竞争压力的状态之中，直到公司来了一个新员工之后，M 的工作环境也发生了重大改变。这位新来的员工工作非常积极和认真，每时每刻都处在紧张工作的状态中，是一个彻头彻尾的工作狂。

等到月末发工资的时候，他的工资甚至超过了一些老员工。这时候，其他同事才感觉到了压力，开始重新调整自己的工作状态，一改往日的懒散，积极投身到工作当中。

没过多久，这名新员工的付出换来了上司的认可，被提升为组长。他所带领的团队也当仁不让地成为公司销售业绩中最好的一个。

实干主义者非常有自信，相信只要是自己想做的事情，就一定能做得很好。因此，他们对手头的工作和自己的目标总是充满了激情，在追求目标的过程中不畏辛苦，积极地面对遇到的挫折和困难，相信只要自己付出努力，就能获得自己想要的成果。

实干主义者会把注意力和能量全部投注到自己身上，全身心地投入自己要处理的事情，因此他们在待人处世方面会表现得非常直率。而且，实干主义者非常善于学习，他们认为学习能不断地丰富自己，让自己获得更好的成绩。

实干主义者是比较独立的一类人，非常讨厌依赖他人，就算是与自己关系非常亲密的人也不例外，他们觉得依赖会让自己变得更加懒惰。

实干主义者对自己的生活总是有着明确的规划，知道需要怎么做才能获得自己想要的成果。因此他们的目标就是完成一个又一个挑战，成为众人眼中的“工作狂”。除此之外，实干主义者也有出色的社交才能，他们能轻松地把控别人的期望，不费力气地引起他人的注意，努力得来的实干成果又成功地为他们的交际增加了一份筹码。

实干主义者非常容易成为生活和工作中的杰出典范，成为别人学习的标杆和榜样。通常情况下，他们也会自我感觉良好，非常享受被别人赞赏而带来的满足感，所以他们希望可以多做一些建设性的事情，来增加自己的魅力，提升自己的地位，并希望一直保持这种“赢”的状态。实干主义者所表露出的这种超乎常人的企图心，使得他们愿意通过各种方式来提升自己，所以实干主义者经常是非常忙碌的。

H在生活中是一个不喜欢说大话的人，他认为行动比语言有更大的威力，语言有些时候会让对方“嘴服心不服”，而具体的成果则会让对方心服口服，并且无话可说。为了让自己的目标能够实现，H会充分地利用每分每秒，全身心地投入到工作中。

除此之外，H还会在工作之外不断地学习和充电，以充实和提升自己，从而能够更加从容地应对生活和工作中的挑战，为自己赢得更多的荣誉和赞赏。

实干型人格的变型

在一般状态下，实干主义者是非常关心自己的形象和地位的，工作总能顺利地完成，对成功有着超乎常人的追求。这也就使得实干主义者有时候会非常害怕失败，害怕被人轻视，因此他们会为了维护自身的优越感而夸大自己取得的成就。

这些复杂的状况糅合在一起，使得实干型人格呈现出了不同方向的发展变化，产生两种蜕变的类型。在一般状态下，实干主义者可以成为好胜心强、以貌取人的实用主义者或是习惯自我推销的自恋者；在健康状态下，实干主义者可以成为真诚、自信的人，或是杰出的典范；在不健康的状态下，实干主义者就会发展成为不诚实的投机分子或是恶意的欺骗者，甚至是怀有报复心的心理变态者。

实干型人格在最佳状态下，摆脱了像奉献型人格那样希望获得别人肯定、让别人接受自己的欲望，而是把重心和注意力转移到了自己内心的成长上来。这时候实干主义者期待的就是能够发现自己的价值，实现自我的心理满足。在这种状态下，实干主义者意气风发，激励着自己和身边的人去实现更高的人生目标，他们能够做到真正接纳自己，既能看到自己的长处和潜力，也能够明确地认识到自己的局限和弱点。

此时的他们更懂得满足，不会成为一台只知道工作的机器，他们也可以通过独特的幽默感来调侃自己，活跃社交气氛。无论在工作中还是在日常的交际中，实干主义者总是能真实地表达自己，他们对工作的热情、对他人的直率，都是其最直接的情感表现，所以他们通常更容易赢得别人的尊重和认可。

除此之外，实干主义者对自己的能力和价值也有清醒的认识，但是重要人物的赞赏和认可会更容易让他们觉得自己的能力和价值得到了承认和展现。当他们得到了别人的肯定和关注之后，自身会感到非常惬意，然后作为回报，他们会肯定在别人身上感受到的价值，使双方保持一种良性的互动。

在这个过程中，权威的肯定会让实干主义者非常满足和自信，会让他们觉得自己是一个重要或成功的人物。实干主义者为了维持这种评价，会让自己处在一种能干的状态中，用自信和积极的态度表现出更大的吸引力，进而使得他人对自己表示更多的认可和肯定。他们相信，他们有能力应对生活和工作中的挑战，并且只要用心去做，就一定能将事情做得尽善尽美。

在现实生活中，实干主义者的成果和态度，永远会被他人视为一个评判标准，他们会是杰出的典范，让人们感受到积极的正能量。而他人对于实干主义者的肯定和赞赏，反过来又会激起他们的斗志，致使他们花费大量的时间和精力在自己身上，以便让自己变得更加杰出。在这种状态下，实干主义者会积极地帮助他人，并激励他人勇于面对生活的挑战。

G在生活中是一个精力旺盛到爆棚的人，每天就像上紧了发条的兔子一样，基本上不会感到疲倦。卖力工作收获的成果使G变得非常自信，为了维持这种自信，他自然就会更加努力地工作。

久而久之，G就成了公司业务完成量的一个标杆。其他的员工在这种工作状态的刺激下，也变得积极起来。而G本人并没有因为自己取得的一点成绩而沾沾自喜，反而更积极地工作，并鼓励其他同事，把自己的工作经验分享给他们，这让他成了公司最受欢迎的人。

实干型人格如果想要引起他人的注意，就会主动同别人进行比较，在比较的过程中，实干主义者会产生一种害怕被别人比下去的心理，而且会使自己的“实干”由关注自我价值的实现，转变成同他人进行对比并获得优越感的一种心理状态。

为了满足好胜心，实干主义者会比其他人更加努力地工作，寻找各种象征着成功的标签贴在自己身上，如业绩、交际能力、升职、加薪，等等。而此时，职业成就就会成为他们衡量自我价值的重要尺度。实干主义者愿意为了升迁做出更大的牺牲，成功已经成为他们生活和思考的重心。

随着好胜心的日益增强，并为了维持别人对自己的尊重，实干主义者开始更深层次地隐藏自己的真实情感，热衷于建立受大家欢迎的形象，使自己变得老于世故。这时候实干主义者考虑的不再是用能力来取得成就，也不再注重内在能力的培养，而是寄希望于塑造一个更加华丽的外表，想要通过提升自己的外在形象来赢得他人的尊重。

而他们也开始变得越来越不自信，内心情感与自己的表现严重脱节，为了弥补情感上的空虚，就会集中精力去追求工作上的目标，希望可以借此脱离情感的空洞。这时候他们就会变成什么对自己有用，自己就去专注什么的人。而把转变后自以为“完美”的自己推销出去，就成了他们接下来的任务。为了逃避内心的恐惧感，他们逐渐变得华而不实，希望通过自我推销和吹嘘赢得更多的尊重和认可。

如果夸大之后的自我宣传还是不可避免地带来失败和拒绝，实干主义者有可能变得恼羞成怒起来，进而变本加厉地宣扬自己，甚至会开始尝试通过欺骗的方式来维持自己的形象。由于他们严重地扭曲了自己内心的真实需求，就会害怕别人拆穿自己，害怕自己的谎言被识破，并编织一个又一个谎言来自圆其说，最后成为一个恶意的欺骗者。这就是实干型人格由一般状态向病态演变的过程。

H 在生活和工作中是一个非常注重自己形象的人，为了给不熟悉的人留下一种“我很成功”的印象，他便让自己的穿着和言行向社会上的成功人士靠拢，借此获得他人的好感。然而，大部分人在同 H 交往一段时间之后都会发现，他是一个表里不一的人，根本就没有什么可表现的，而且没有他所说的那么成功。而 H 口中的成就，经常是子虚乌有，这就让人们觉得自己受到了欺骗，再也不愿意同 H 保持联系了。

实干型人格的情感世界

每一种人格对情感的表达方式都不一样，实干主义者在生活和工作中是行动至上的人，在感情世界中，他们的表达方式也不例外。他们通常不会用语言来表达自己的情感，而是用行动进行表达。

在用行动表达的过程中，他们的注意力会放在对方的身上，希望可以通过观察了解对方对自己的认同程度，然后采取下一步的行动。实干主义者会把情感关系的培养和建立，当成一项重要的工作，认为感情就像工作一样，都需要一步一步地去执行。

实干主义者认为别人对自己的赞扬和认可都是基于自己取得的成就，如果没有这些成就，他们就不会再把注意力放在自己的身上。因此，在他们的情感世界中，对情感的认知和处理也摆脱不了这种思维逻辑。实干主义者会认为成就是他们的魅力所在，他人对自己的爱和认可并不是针对自己本身，而是针对自己取得的成就，所以他们会为此更加努力地工作，以此来增加自己的吸引力，而不是专注于情感本身。

除此之外，在实干主义者的情感世界中，朋友、恋人对其成功的认可是非常重要的一件事情，这会让他们觉得十分开心。如果你说你喜欢的是他们个人，与成功无关，他们非但不会觉得安心，反而会心生疑虑。

实干主义者主张积极、快乐地建立自己的情感世界，他们相信在工作中保持乐观的态度，就可以在感情世界里畅通无阻。他们看不到这种方式存在的局限性。

因此，他们经常因为自己的自信，遭遇或者加剧原本可以避免的感情伤害。而实干主义者在恋爱中所说的甜言蜜语，大部分都是在私下里背下来的，很少会有临场发挥的情况，他们喜欢用行动来代替自己的表白。例如，当他们的另一半在为一件事感到快乐或者悲伤的时候，实干主义者的眼睛虽然在看着对方，耳朵也在倾听对方的诉说，但是内心却在想着一些自己将要去做的事情。

M在生活中是个非常不善于表达自己感情的人，经常会觉得“我对她的好不需要说出来”，甜言蜜语的威力远远不如实际行动。于是，M就把大部分精力都放在了工作上面，觉得自己的升职和加薪是对对方最好的安慰。但是M的这些做法并没有让女朋友觉得很开心，因为他把大部分精力都放在了工作上面，对她的关注自然就会少很多。

而且M的这种做法，时间久了会让女朋友觉得非常孤单、落寞。后来，女朋友便把内心的这种感受告诉了M，M这才意识到自己的问题所在。为此，他尝试着改变自己，尽量留出足够的时间陪女朋友，慢慢地，两人变得更加亲密了。

实干主义者在亲密关系中会认为，爱就是两个人一起做事、创造财富，并享受创造带来的成果。但是，实干主义者这种单调的作风，会让对方觉得自己和其他人并没有太大的区别，并因此表示不满。但实干主义者不愿去考虑对方的这些感受，他们更加愿意专注于自身的行动，觉得说远远没有做的意义大。

除此之外，如果身边人表现出沮丧、失落、唉声叹气等负面情绪，也会让实干主义者产生排斥心理，他们觉得垂头丧气不会使局面发生改变，而负面情绪会影响他们的行动。他们觉得专注于行动可以排除这些负面情绪对自己的干扰。因此，实干主义者的实干也是他们处理自己情感问题的一种简单、直接的方式。

实干主义者在情感上经常会陷入一种困惑的境地，总是以爱的名义为对方做很多事，但是每当他们拖着疲惫的身体回到家中的时候，却很少能因此得到对方的赞赏。其实实干主义者的困惑就是对待情感的态度，总是害怕因为自己的碌碌无为而失去对方的认可，所以一直在拼命地努力。

但是，另一方面，他们又因为一直努力地拼搏而失去和对方相处的机会，进而遭到拒绝和抛弃。这就提醒实干主义者，不能把情感关系当成工作对待，因为人是有情感的，而工作却没有。

L 会经常阅读许多关于情感问题的书籍，想让自己成为一个情感理论大师，在女朋友面前扮演一个“完美爱人”，觉得“全知全能”的自己更能吸引女朋友。

但是他的这些表现在女朋友看来是非常幼稚的，明明自己不是很懂，硬要装得什么都懂。于是，女朋友就对L说：“你是不自信吗？所以才会用这些理论来武装自己！”面对女朋友的质问，他一时语塞。

女朋友接着又说道：“我喜欢的是真实的你，并不是你伪装出来的完美形象，现实中没有什么人是真正完美无缺的。而且，你不应该一门心思全部放在工作上面，我需要的是你的陪伴，而不是那些功成名就所带来的荣誉。”

听完女朋友的这番话之后，L才明白自己之前的行为是多么幼稚，他慢慢地尝试着去改变，开始展现真实的自己。改变之后，L觉得轻松了很多，和女朋友的关系也更加亲密和稳固了。

实干型人格在工作中的表现

实干主义者在职场中对自己的能力非常自信，而且工作效率高，能够快速地解决工作中遇到的问题和挑战。对于他们来说，职场就像战场一样，只有优胜者才能得到别人的赞赏和认可，因此他们会表现出强大的竞争性，会在较短的时间内做出超出常人的成绩，来获得他人的赞赏。

但是，实干主义者在工作中经常会混淆自我和工作角色这两个概念，觉得我就是我所做的工作。而这种想法不可避免地会给自己带来一定的困扰，觉得他人对自己的评价是不公正的。

除此之外，实干主义者为了提高工作效率，有些时候也会做出一些冒险的举动，如选择捷径、同时处理多项任务，等等。结果使自己的工作欠缺细节上的完善。

实干主义者在工作中有明确的目标，他们从不认为自己离成功很远，而是相信只要朝着自己的目标坚定地走下去，必然能有所回报。他们的这些做法也理所当然地会使他们更加关注自己所取得的成果，而不是奋斗的过程，他们在工作中不仅是行动至上者，更是结果至上者。

实干主义者能专心地完成好自己制订的每个计划，因为他们能清楚地认识到完成计划对自己的重要性。但是，在这个过程中他们的视野会因为一心只想完成眼前的工作而变得狭窄，对于身边的各种反对意见也会置若罔闻。

实干主义者希望自己的能力在工作中受到别人的肯定，而不是怀疑。他们对外界不同意见的排斥，会让他们难以及时地接收新的信息，进而造成工作上的失误。因此，在和实干主义者一起共事的时候，面对工作中的分歧要做好充足的准备，要让对方充分认识到眼前出现的问题，同时也要选择正确的方式与其进行交涉，这样才能避免双方因为意见不同而产生更大的分歧。

实干主义者在当下高压的职场环境中可以从容地面对，频繁的竞争并不会让他们觉得压力山大，反而会如鱼得水。因为他们觉得竞争是表现自己的能力，赢得别人赞赏的最佳突破口。

因此，当别人被职场压力搞得筋疲力尽的时候，他们仍然能积极地应对工作中的挑战。当实干主义者在工作中遇到困难的时候，他们也不会因此而有挫败感，他们不仅不会放慢自己的步伐，反而会想尽一切办法使自己保持现有的工作效率。

当他们感到自己将被别人赶上或者超越的时候，就会尽可能地寻找捷径来达到目的，而这种想法常常会让他们因此忽略了对质量的把控，导致他们眼中只有量而不是质。这也说明在实干主义者心中，优先完成的诱惑力要远远超过冒险带来的风险。

M是一位中学数学老师，他做事从来都不会半途而废，只要是他认定的事，无论如何都会完成。当考试过后，自己所教班级的数学成绩如果没有期望的那样好，他心中就会有这样一个声音："一定要把教学中出现的问题给解决掉，让自己所教的班级获得更好的成绩。"接下来他又会去思考"要怎么解决这个问题"，随后 M 就会和自己的学生一起"同仇敌忾"，努力改正各自的问题，直到获得自己想要的结果，才会松一口气。这也导致 M 成为整个学校最严厉的数学老师，使得学生们对他又爱又恨。

实干主义者在工作中非常关心自己的表现，并希望可以通过自己出色的表现获得上司的奖励或者认可。因此，他们会为了奖金、职位等带有成功色彩的事物而积极竞争。这也导致他们在选择工作的时候，会偏向有着明确目标、奖惩分明、有发展前途的公司。

除此之外，由于实干主义者的行动快于思维，因此他们会为了自己感兴趣的事物立刻行动起来，而不去考虑如何具体应对这件事。他们也会因此陷入意想不到的困境当中。在他们心中，果断地朝着目标前进要比思考一大堆问题和反对意见容易得多，这种惯性思维使他们被眼前的短期利益所吸引，进而忽略了长期利益。

实干主义者在团队合作中会非常乐意担任领导者的角色，因为这能让他们的心理得到极大的满足。他们为了证明自己有能力担任领导者，就会带领大家展开头脑风暴，积极地面对工作中出现的各种问题，用自己强大的正能量促使大家都行动起来。

当实干主义者成为工作中的领导者之后，他们会复制一些已经被证明是非常成功的模式，因为比起创新，他们更加喜欢采用自己已经熟悉的一套模式来确保自己能够快速做出成绩。

H 毕业之后面对众多的应聘单位，不知道该如何下手，他参与了几次面试之后，决定缩小自己的面试范围，把注意力放在那些有明确规章制度、前途远大的公司上。因为他觉得，只有在这样的公司里自己才能高效率地工作，才能获得更大的收获。

随后，H 到了一家与自己理想环境相符合的公司上班，干了一段时间之后，和 H 同时来的几个员工因为压力太大而先后辞职了，H 却仍然干得津津有味。

一次，一个同事问 H：“为什么那么多人都坚持不下来，而你却可以呢？”H 回答道：“工作中的压力对于我来说就是正常的挑战，而压力在工作的过程中也是不可避免的。如果我的付出没能得到相应的奖励，我自然也会考虑辞职，但是我每个月拿到的奖金证明了我是适应这种环境的。”没过多久，H 就为自己赢得了一次去总部进修学习的机会，而去总部学习也就意味着 H 离升职不远了。

怎样与实干型人格更好地相处

实干主义者在生活和工作中非常看重自己的表现和成就，做事积极主动，善于交际，他们生活的格言是“世上无难事，只怕有心人”。因此，他们在生活和工作中会最大限度地表现出自己的上进心，通过竞争与超越来建立自己的优越感，进而让别人对自己取得的成果加以赞美。

实干主义者表面看起来非常大方，但是他们的内心极其敏感，如果他们在工作中没有得到肯定，他们就会表现得非常沮丧，觉得自己不能被人理解，甚至会认为自己对于周围人来说，就像是一个陌生人。

因此，在同他们进行交往的过程中，想要建立良好的人际关系和顺畅的沟通渠道，就要让自己学会接受他们那种喜欢被别人赞赏的心态，就算你认为他们取得的成就是微不足道的，也要认可和表扬他们获得的成就。

有一次，M 去参加商务谈判，对方是一个典型的工作狂，任何休息时间都不放过。在谈判之初，M 对对方已经做了一番了解，知道对方是一个非常自信的人。因此在谈判刚开始的时候，M 就说道：“您是这方面的行家，所取得的成绩也是大家有目共睹的，因此我也就不在您的面前班门弄斧了。”M说完之后，直接把自己公司的一些计划和要求告诉了对方。对方听了M最初的那番话之后，脸上就一直洋溢着自信的笑容，听完M讲述的计划之后，提出了自己的不同意见和自己公司的一些要求。随后双方很快就在这种和谐的氛围中达成了一致，并签订了合作协议。

实干主义者在工作中非常注重自己的效率，因此他们特别讨厌浪费时间。因为在他们心中，有效地利用时间正是他们超过他人的一种重要方式。在交际的过程中，效率对于他们来说也是同等重要的。

如果在同他们交谈的过程中，为了避免自己的态度显得咄咄逼人，而说一些缓和气氛的话，其实在更多的时候不仅不会让他们觉得舒服，反而会让他们因为你对目标的偏离失去耐心，使得谈话难以达到一个双方想要的结果。

因此在同实干主义者交际的时候，要尽量避免拐弯抹角，直截了当地表达自己内心的想法，反而更容易让他们听进去。

K在同别人进行交流、谈判的时候，非常不喜欢说一大堆与最终目的无关的废话，觉得这样其实是在浪费双方的时间，因此K更加欣赏开门见山式的谈话方式。他觉得大家的智商都没有那么低，进行交际的真实目的也都很清楚，根本不需要说一些天气、心情之类的废话来进行试探。

因此，当别人同他谈判的时候，如果对方能干脆利落地说出自己的想法，K 就会进行积极的回应。如果对方一直在说一些与谈判无关的话，K 就会马上失去同对方继续交流的兴趣，进而结束同对方的谈话。

实干主义者在工作和生活中，大部分时间都以积极的姿态给周围的人带来鼓励，他们面对生活中的挫折也会毫不犹豫地坚持下去，失败对于他们来说是不可能存在的。

在处理事情的过程中，实干主义者往往只会关注事物积极的一面，对于消极的负面信息一般情况下会选择置之不理。因此在同他们进行交往的过程中，想要改变他们对于某种事物的看法，就需要使他们感受到强大的反对力量，并直接说出这样改变的好处，双管齐下会相对容易获得自己想要的效果。

但是在这个过程中要注意适可而止，如果你过度地强调自己的观点是对的，他们的行为是错的，就非常容易引起他们的反感，使得他们最终选择一意孤行。

人们在同实干主义者交往的时候，确实经常会对他们所取得的成就感到羡慕，甚至是嫉妒。但是在实干主义者的行为模式里，他们的每一个动作都不会单纯地为了自己的个人爱好，实际利益对他们来说才是最重要的，这就使得他们的行为功利色彩十足而少了一些人情味。

除此之外，实干主义者在做事的过程中注重的往往都是最终的结果，其他的问题对他们来说根本不重要。他们这种对既定目标坚定不移的追求，会使得他们为了事业、财富、声望，牺牲自己的情感、婚姻、朋友。

因此我们在同他们进行交往的时候，不要被他们充沛的精力、积极的态度迷惑，认为他们是完全优秀的。我们不仅要认识到他们性格上积极的一面，还要认识到他们性格上的缺点，这样才能在与其相处的时候，不被他们影响和同化。

G 是一个非常固执的人，他觉得只要是自己想做的事情，坚持下去，就一定能取得自己想要的成绩，“不撞南墙不回头，撞了南墙也不回头”说的就是 G 这种人。

一次，G 为了能在有限的时间内完成超过他人的任务量，就一心多用，在做着手头工作的时候，还时不时地想一下自己的策划案，甚至连休息的时间也不放过。G 的朋友 M 看到他这种精神紧张的状态，就询问发生了什么事情。

G 就把自己现在做的事情告诉了 M，M 听完之后，觉得这样下去肯定会出问题，于是就对 G 说道：“做事不能只求量而忽略了质，一心一意做出来的效果肯定跟三心二意做出来的效果不一样，提高效率的最佳途径不是同时处理多件事情，而是集中自己的注意力，有次序地进行处理。另外，保证工作质量得到的好处，要远远超过工作数量增加得到的好处。”G 听完 M 的话，觉得很有道理，于是就改变了自己的工作策略。

实干型人格的自我心理调整

实干主义者的自信和满足感来源于他们所取得的成就，对于他们来说不断地接受一个又一个挑战，比停下来思考自己要做什么容易得多。因此在生活中人们会发现，实干主义者总是处在忙碌的状态之中，每天都有处理不完的事情，这不是因为他们的工作太多，自身的工作效率太低，而是他们想让自己做更多的事情，使得自己从竞争中脱颖而出。

对于他们来说，停下来就是在浪费时间，想要保持“赢”的状态，就应该让自己忙碌起来。而这种想法不可避免地会使他们的工作占用其他方面的时间。当他们想要用自己的成就来赢得别人的爱的时候，殊不知自身的忙碌已经拒绝了别人的爱。

因此，实干主义者首先要做的心理状态调整就是学会停止，给自己的情感和思维留出沉淀的时间。然后找到驱使自己不停工作的原因，并直接面对这种焦虑，进而避免自己的行动成为一种追求成功的机械反应，找回被自己搁置的情感，学会从成功和他人的期望之外看待自己。

G 是非常有性格的人，很多人觉得完不成的任务，G 都能坚持下来并取得不错的成绩，这也使得G吸引了很多赞赏与羡慕的目光。但是G也付出了别人可能不会付出的代价，他为了保证自己的业务量能保持在第一的位置，放弃了留在家中陪伴老婆、孩子的机会。

G认为自己努力工作是为了让自己和家人有更好的生活，但是却忘了陪伴对于家人来说也是非常重要的，甚至在某种意义上超过了优越的物质生活。直到G经历了一次惨痛的教训，才改变了“拼命三郎”般的工作状态。

有一次，他因为过度劳累而生病在医院里打点滴，闲着没事儿拿出了儿子的作文本翻看，发现里面有这样一段简单的话：“爸爸病了在医院我很伤心，但是我却有了三天时间在爸爸身边，这又让我很开心。”

从此以后，G再也不把工作上的第一当成自己生活的全部意义，而是留出更多时间陪伴家人。

在团队中，如果没有一个明确的领导者，实干主义者经常会觉得自己应该能胜任领导的岗位，然后开始展现自己积极的正能量，把别人笼罩在自己的“能干”之下。实干主义者会认为自己是团队当中不可或缺的一个重要人物，周围的其他人则是没有什么能力的懒汉。其实，领导者的地位只是他们把别人的注意力都吸引到自己身上，借此来获得他人关注和欣赏的一个垫脚石而已。

实干主义者这种过于渴望被他人接受的欲望，会使得他们在某些时候为了满足他人的需求而忽略自己内心真实的感受，让自己变得草率，为达到目的而盲目行动。其实，在现实生活中，如果实干主义者能够表现出自己对他人的关注和认可，那么他们就会发现，当自己能够很好地欣赏和支持他人的时候，不仅会对自己的表现感到满意，也会更加容易收获别人的认可和欣赏。因为交际从来都不是单方面的努力和认可，而是相互的欣赏与支持。

实干主义者在生活和工作中表现得非常坚韧，他们很少会因为遇到挫折而变得沮丧，他们的烦恼往往来源于别人的轻视和不信任。其实他们认为的轻视，更多的是因为他们对自我成就抱着不切实际的幻想，对自己期望过高所造成的。

另外，实干主义者还非常注意自己的形象，甚至会把自己打造成一个虚幻的成功形象，把许多自身不具备的特质加到自己的身上，使得他们自己看不清眼前的真实状况。而对赞赏和成就的过度热衷，使得他们性格中自大的一面暴露无遗，甚至当所有人都认为他们处在一种不利的局面中时，他们仍然会沉浸在自己幻想的成功中。

这就要求实干主义者能够清醒地认识自己的能力，当自己的认识水平、个人能力或是忍受程度达到极限的时候，不要怕别人知道，要勇敢地承认自己的不足。这样做其实会让自己避免很多麻烦和问题，从而赢得他人的尊重。

J是一个非常爱表现自己能力的人，觉得只有把自己会的东西都展现出来，才能吸引别人的注意力，让别人赞赏自己的能力。但是J慢慢地发现，大家对自己这种爱表现的态度根本谈不上喜欢，甚至还有点讨厌。

这个发现使J陷入了一个死胡同，他想不通为什么大家对于这么“优秀”的自己如此排斥。于是他找到一个朋友，向其倾诉自己受到的不公正待遇。这个朋友听完之后问道：“你认为你的同事能力怎么样？你对他们表示过自己的认可和赞赏没有？”J回答道：“他们的能力就那样，而我是公司里面业务完成效率最高的一个人，为什么要向他们表示赞赏呢？他们的业务能力又没有我强。”

朋友回答道：“你要是这样想的话就错了，其实大家都一样，都有一些值得别人认可的能力，也有一些他人不认可的东西。而你想要让大家赞赏你的能力，首先就要学会表达自己对他人的认可和尊重，这样别人才会更加愿意表达对你的认可。”

实干型人格与其他人格的碰撞

实干主义者在现实生活中总是表现得无所不能，是人群当中最为活跃的一类人。他们从来都不会刻意地掩饰自己的锋芒，低调从来都不是他们的作风，他们是典型的现实主义者，总是为成功而成功。

实干主义者经常会让自己表现得与众不同，好让别人能迅速地把注意力转移到自己的身上。他们这种张扬的性格，理所当然地会让自己与不同类型的人发生碰撞。

实干主义者与协调者存在一些共同的人格特征，实干型人格是协调型人格的安全类型，而协调型人格则是实干型人格在压力状态下的一种表现。因此，这两种人格都会表现出对外界认可的一种渴望，喜欢听到别人的称赞。

但是两者仍然有不同的侧重表现，实干主义者通常能够快速高效地完成手头的任务，当其遇到困难的时候会表现出不耐烦的情绪，觉得自己的时间遭到了侵占，但是他们通常不会就此放弃。

除此之外，实干主义者还非常喜欢扮演领导者的角色，把别人纳入自己的计划或者目标中，别人的服从和认可会让其感到心理上的满足。与之相反的是，协调者在具体活动中会表现得比较被动，有些时候他们会用别人的计划和目标来代替自己的计划和目标，这就使得这两类人在很大程度上可以进行有效的互补。

但是，协调者有些时候也会让实干主义者觉得沮丧，因为当别人被实干主义者的远大目标以及振奋人心的话语所激励的时候，协调者则可能还没有反应过来。

K 在生活中无论在哪一个场合都习惯“领导”他人，他觉得别人对自己的服从可以证明自己的策略和建议是正确的，这会让他的心理获得极大的满足感。

有一次，K 和朋友聚在一起聊天，他们不自觉地聊到了对未来的看法。他们对未来都有一个美好的规划，但现实的残酷有些时候也会让大家感到力不从心。K 觉得谈话的氛围变得有些沉重，于是就鼓励大家，并且坚定地相信每个人都能过上自己想要的生活。当所有人都在为 K 的激励兴奋起来的时候，仍然有一个人有些不快乐。此时 K 就觉得自己的“领导”地位受到了挑战，然后也变得失落起来。最后好好的一个聚会，弄得不欢而散。

实干主义者和享乐主义者在生活中都会以自信的面貌活跃在不同的场合，也都喜欢展现出自己超乎常人的一面。这两类人经常能从困境中看到积极的一面，然后把负面情绪和信息都抛在一边。

但是两者之间也存在很大的差别，享乐主义者自始至终关注的都是自己的兴趣和爱好，他们更多的是用自己的想法来展现自己的与众不同；而实干主义者则是受成功的驱动，用行动来展现自己的能力，并用行动的成果来获得赞赏，进而体现自己的价值。

因此这两类人相遇之后，并不会像自己展现出来的形象那样乐观。实干主义者经常会认为享乐主义者是在浪费时间，因为他们坚定地相信，如果我努力地做，那么就能收获自己想要的成功，因此会选择用行动来证明一切。此时他们会觉得享乐主义者的行为是不负责任的，是没有担当的。

而享乐主义者则坚信，自己做了就会出现无数的可能，会觉得实干主义者其实就是一个只知道埋头苦干的粗人。因此这两类人在相处的过程中，非常容易出现互相看对方不顺眼的状况。如果双方能各自收敛、相互体谅一点，有时候会出现意想不到的结果。

实干主义者和观察者在工作的时候都会摒弃情感对自己的影响，让自己专注于手中的工作。但是他们在工作中却会表现出两种不同的状况，观察者摒弃情绪是为了让自己保持理智，而且在工作中也会给自己留出时间，好让自己进行反思。

实干主义者则不同，他们在工作中能够表现出超乎常人的持久性，基本上不会停下来进行反思，他们认为行动的意义要远远超过思考。他们在工作和交际中展现出来的是自己充沛的精力，并想凭借自己的表现给他人留下良好的印象。

J 和 M 刚来公司的时候，大家觉得他们的表现非常相似，他们都喜欢用自己的情绪来带动大家的工作士气。但是随着了解的深入，同事们发现 J 和 M 两人其实有很多不同的地方，比如说，J 是一个习惯用行动来说明一切的人，M 则是习惯用思维来代替行动的人。

一次，公司让所有员工都上交一份策划案，J 二话不说就根据自己的经验做了一份自认为无可挑剔的策划案；M 则是在脑海中想了好几套方案，最后因为时间不足而随意选择了一套。结果，J 和 M 的方案都没有通过。

J 的经验之谈让他的策划中规中矩，并没有什么创新的地方；而 M 的策划案虽然点子不错，但是缺乏实际操作的可能性。公司最后决定，让 J 和 M 合作一份策划案，这让两个平时不怎么谈得来的人不得不走到了一起，并最终做出了一份让公司满意的策划案。这次合作使 J 和 M 两个人对彼此都有了一个新的认识。

Part5

浪漫型人格：我们都是爱浪漫的人

浪漫主义者内心最原始的冲动和欲望，就是希望自己能展现出与他人不同的一面。因为独特对于他们来说，其实是一种无法取代的保护伞，他们会认为只有独特才能为自己带来关注和爱。

浪漫型人格的魅力

浪漫主义者是最具艺术家气质的一类人，他们通常有自己独特的眼光、风格、品位，甚至有些时候穿着打扮也会表现得十分突出，让人惊讶不已。而这一切其实都取决于他们自己的心情。

在现实生活中很多人认为，浪漫主义者都是比较内向的，非常容易活在自己的世界里。而真实情况并不是这样，内向和外向这两种性格倾向其实都会出现在浪漫主义者身上。外向状态下的他们非常善于表达真实的自我感受，这会让人们觉得他们具有人情味，而他们对生活表现出的那种自我解嘲的态度，也会让人们感受到他们的幽默、风趣，这时候的他们非常容易结交新的朋友。

当处在内向状态下的时候，他们会对自己内心的情感和想法进行自我反省，也经常会有灵光一闪的想法，展现出自己与别人不同的一面，而这时候人们又往往会被他们营造出来的神秘感所吸引。

浪漫主义者内心最原始的冲动和欲望，就是希望自己能展现出与他人不同的一面。因为独特对于他们来说，其实是一种无法取代的保护伞，他们会认为只有独特才能为自己带来关注和爱。在生活中，他们具有的敏锐的观察力，会让他们展现出自己独特的创造力，进而使他们在人群中脱颖而出。

除此之外，浪漫主义者还是一个温馨的陪伴者。他们对于苦难有一种与生俱来的敏感，能感受到别人所经历的各种挫折以及心中的失落感，会对他人的不幸遭遇表达出自己的同情心。浪漫主义者还会用自己特有的毅力，帮助他人走出情感的创伤，而且也愿意花费时间陪在自己朋友的身边。另外，他们还能在交际的过程中表达某些具有普遍性的情感，进而引起他人的共鸣，并找到情感上的慰藉。

M是一个习惯特立独行的人，在他看来，千篇一律只会让自己淹没在人群当中，“鹤立鸡群”才是自己想要的一种效果。因此当朋友们感觉生活变得枯燥、无聊或者陷入瓶颈中的时候，都愿意找M寻求帮助。因为M总是会带朋友去尝试一些新的东西，让他们的生活在换一种味道的同时，也换一种感受方式和表达方式。

除此之外，M还有一种帮助朋友走出负面情绪的魔力。每当朋友向他倾诉自己遇到的不顺的时候，M都会表现出一种感同身受的样子，使得对方找到认同感，然后他会用过来人的身份去激励对方，使得对方能顺利地排遣自己情绪上的不快。M的这些魅力也让他当之无愧地成为所在群体的核心人物。

浪漫主义者在生活当中是非常善于寻找自我的人，他们会在自己的内心深处不断地探究自己的真实想法，并做到诚实地表达。所以敏感而又热情的待人处事方式是他们一个比较明显的特征。

除此之外，浪漫主义者通常会有非常不错的人际关系。他们虽然会在平常的生活和工作中表现出较强的自我意识，甚至会在言行上表现得类似个人主义，不过，他们总是能表达出自己对对方的尊敬，用自己的直觉、机智谨慎地表达自己的同情心，使得对方感到亲切并认同自己的想法。

另外，浪漫主义者的行为举止通常都表现得非常优雅，而且他们能热情洋溢地投入到生活和工作中，并且用亢奋的精神和充沛的精力来感染周围的人。因此有他们在的地方，一般就不会出现枯燥乏味的状况。

浪漫主义者对生活通常怀有一种艺术的、浪漫的倾向，并会结合自己的经验，创造一个舒适的审美环境，然后培养个人情感。这也使得他们不论在创造性，还是在自我意识的表达方面，都非常看重自己的情感世界和主观意识。因此他们总是容易被丰富的情绪所包围，进而会被他人的情感所打动，同时他们在感情上会表现出自己坚强的一面。

除此之外，他们还是一个自制力非常强的群体。他们对自我的反省会使他们得到一个自我升华的机会，然后把自己的这些经历转变成一种有价值的东西，让他人感受到自我救赎和自我创造的力量。

H 在生活中是一个非常真诚的人，不仅能真实地表达自己的情感，还真诚地对待身边的每一位朋友，因此他的身边总是有一群固定的好友。而且他最大的特点就是喜欢自我反省，每当一个人的时候，他就开始反省自己的情感和经历的事情，然后从中找到一些积极的力量，使自己的人格得到完善和发展。

有一次，H 在看电视的时候触景生情，想起了自己以前的事情，然后他就陷入了沉思当中，并开始分析自己当时为什么会那样做。这番思考使得 H 清晰地认识到自己以前所犯的错误，并使自己成功地走出了思维方面的一个误区，让自己更加成熟起来。H 也经常把自己反省过后的心得分享给朋友，让大家共同进步。

浪漫型人格的局限性

浪漫主义者又被称为悲情浪漫主义者，这是因为他们在日常生活中的表现极具个人色彩，而且他们在追求自我意识的过程中，有些时候会表现得过于敏感，使得自己忧郁的气质表露无遗。

当他们的情绪受到刺激的时候会出现较大的起伏，并使自己看上去“难以接近”。而幻想被打破时，浪漫主义者通常会选择离开人群，把自己封闭起来，不断地对自己的行为进行反思，把自己逼到死角还不肯放手，并且会为此感到沮丧、不安、失落。而这种消极情绪的持续又会使他们无法继续正常工作和生活，进而导致他们一直悲情下去，无法投入新的生活。

浪漫主义者在生活中的局限性，大多来源于他们内心的缺失感和时常矮化的自尊。他们总是觉得自己在生活中有某种东西缺失了，而这种缺失的东西又恰恰是别人所拥有的，因此他们就会变得无法释怀，闷闷不乐。

他们总是习惯把自己的注意力放在一些缺失的事物上面，对眼前的事物却不加理睬，然后不断地问自己：“如果我当时表现得好一点，是不是就不会有遗憾了？”然而即使他们下一次做得比上一次更好，仍然会觉得自己的行为有难以弥补的缺陷。因此他们总是在缺失感当中难以自拔，通过不断地降低自己的自尊来获得心理上的平衡和安慰。

除此之外，浪漫主义者在追求事物的过程中，经常把一些自己不愿接受的局面称为“命运的捉弄”，而“得之我幸，失之我命”是他们在处理事情时比较常见的一种心理状态。这种心态又会使得他们在独处的时候，将内心深处的缺失感无限地放大，进而把自己压得喘不过气来。

K 总觉得自己的生活充满了遗憾，以前的每一件事情都没有做好，才使得自己现在总是闷闷不乐。接下来，他就会进行一系列的自我反思，想在反思中实现自我完善。

这本来是一个非常好的想法，但是对于 K 来说，自我完善好像是遥不可及的，因为他对自己的反思总是处在一种不满足的状态，总是对当下的自己难以认可。有一次，K 花费了很大精力做好一份策划案并交给上司，但是当 K 回到办公桌前的时候，他就开始思考那份策划案具体存在什么问题，然后强迫自己停下手头的工作，进行自我反省。

随后，K 又做了一份策划案交给上司，这时他的心里才稍微好受一点。第二天，上司表扬了 K 这种负责的态度，并通过了他的策划案。这时候 K 并没有表现得十分开心，而是在想如果换一种方式是不是取得更好的效果，然后他又陷入了无尽的自责当中。

浪漫主义者最大的特质就是追求独特，讨厌平凡，而有些时候这种对于独特超乎常人的追求会让他们显得偏执，会让他们看不清真实的自己。浪漫主义者总是想让别人了解真实的自己，可是又担心真实的自己会受到别人的嘲笑，因此他们一直处在一种矛盾的心理当中。

其实，浪漫主义者习惯把幻想出来的自己当成真实的自己，例如，在想象中自己是一个艺术家，但在现实生活中他们却没有任何一件艺术作品。这种想象与现实之间的差距，使得他们一旦看到或者听到不能令他们接受的表达，就会固执地选择逃避，并认为这是别人对自己的误解，然后躲进幻想的浪漫状态中。时间久了，他们自然就会变得内向、孤立了。

浪漫主义者在现实生活中拥有强烈的情感，他们时刻敏感地观察着别人对自己的一举一动的反应。他们不仅非常容易把别人无心的批评放在心上，甚至还能从别人的语调、语气中幻想出某种暗示、影射的意味，并深究这些话背后的意义，进而陷入自我怀疑和自我否定的情绪当中不能自拔。

他们总是对得不到的东西抱以美好的幻想，对于现在拥有的东西却吹毛求疵，还会为失去的东西而耿耿于怀、哀叹痛苦。因为他们觉得，越是难以得到的东西就越是珍贵，所以总是留恋“得不到”和“失去”。对于他们来说，眼睛总是看着未来和过去，当下却是他们的视觉盲区。

L 是一个习惯沉醉在过去的人，对于过去受到的伤害总是难以释怀，因此他对周围的人也非常敏感，总觉得别人的言行都是在讽刺自己的过去。而他却从不考虑别人说的话是否是无意的，还是针对其他事情。

只要感觉到这句话像是在说自己，他就会思考对方为什么会说这句话，因此他的生活有相当一部分时间是在自寻烦恼。一次，L从同事旁边走过，听到同事说：“他穿白衣服一点都不好看。”而那天L正好穿的是白色的上衣，于是他就开始思考自己的衣服哪里出现问题了，还是自己什么时候得罪对方了。

苦思无果的L没有选择去直接询问，而是一个人闷闷不乐地坐在那里，在接下来的时间里也没有了工作的心情。其实L的同事只是在评论自己朋友新买的衣服而已，与L根本没有任何关系。

浪漫型人格的情感世界

浪漫主义者非常喜欢表露自我的真实想法，并且能在表达的过程中做到不断地探索、检查自己的内心，因此他们通常能够清楚地知道自己想要的是什么。对于他们来说，情感的交流在生活中有着非常重要的位置，当他们被感动的时候，他们会不顾一切地释放自己的感情。

在与人交往的过程中，他们不喜欢停留在表面的交际应酬上，而是期望可以同对方进行深度的感情交流，如果对方能够全身心地投入，会让他们欢喜不已。浪漫主义者表现得最有活力的时候，往往是他们的情感受到强烈冲击的时候。反之，他们就会觉得生活单调乏味。

然而在现实生活中，他们很难时刻保持一种亢奋的状态，因此他们心情不好的概率要远远超过心情好的概率。这就提醒我们在同他们进行交流的时候，要学会抓住他们情绪上的兴奋点，这样才能使得交流更好地进行下去。

浪漫主义者天生的浪漫情怀使得他们总是希望生活可以充满激情，一成不变的交流模式会让他们很快感到乏味，并对双方的感情失去信心。激情可以让他们的情感保鲜，甚至还能得到稳步的成长，最重要的是，可以使双方在面对情感上出现问题时能够更加积极地进行应对。

除此之外，浪漫主义者天生抑郁，使得他们在同别人交流的过程中会更多地注意一些负面信息，这通常会让他们备受折磨。当他们的视线停留在当下的时候，那些不希望出现的负面因素就会特别显眼，进而使得他们开始厌倦已有的情感。所以在现实生活中，他们通常会和别人近距离地相处一段时间后，自觉地退回到原来的位置。

浪漫主义者总是习惯性地把自己的注意力放在远处，然后忽略掉当下拥有的感情。“不在乎天长地久，只在乎曾经拥有”，这种患得患失的遗憾美是浪漫主义者的兴趣所在；“距离产生美”，这种对爱的向往也能在浪漫主义者的情感世界中得到完美的展现。

浪漫主义者虽然内心十分渴望得到爱，但是他们并不会欣赏爱情，爱情对于他们来说得不到才更有诱惑力。因此，他们会把自己大量的注意力放在等待爱情和追求爱情上面。他们会让自己打起精神，时刻准备着迎接新的感情降临到自己身上。

对于他们来说，坚信自己所渴望的情感必然会在某一天把自己唤醒。但是，一旦他们得到了自己最初所渴望的那种感情，他们就会觉得这种感情没有当初想的那么有魅力，而且还会因为情感被生活琐事所冲淡而陷入纠结当中。

K 在恋爱中的表现经常会让人摸不着头脑，因为他总是处在一种接近与离开，然后再次接近、离开的反复状态中，让人搞不清他的真实意图。

在一次聚会上，他认识了一个女孩，认为这个女孩就是自己的理想爱人，于是开始了轰轰烈烈的追求。在整个追求的过程中，K的表现一直都可圈可点，最终K将那个女孩追到了手。本来大家以为“有情人终成眷属”，但是让人想不到的是，没过多久，两人的感情就出现了问题。

原来两个人刚在一起的时候，K觉得自己的生活充满了激情和新鲜感，每天都非常亢奋。但是随着时间的推移，两个人变得越来越熟悉后，K就找不到最初的那种感觉了，然后他就想从亲密的感情中抽身出来。当两个人保持了一定的距离之后，K又想回到那种亲密的关系中。这样反复了几次之后，对方再也不想和K这样捉迷藏下去了，于是选择了和K分手。

浪漫主义者希望能找到一个与自己默契十足的人，即使自己没有说出真实的想法，对方也能够清楚地知道自己心中在想些什么。但是，他们又非常喜欢自我反省，这也就使得他们较为内向，所以他们的想法旁人总是难以猜测。

除此之外，浪漫主义者非常期待戏剧性的情感，他们觉得情感的起起伏伏可以使生活变得更加丰富多彩，还可以从这起伏的情感中得到自己想要的乐趣。有时候，他们甚至会觉得必须经历忧伤和痛苦，快乐才有意义，没有经历过波折的快乐反而会让他们产生罪恶感。而这种想法使得他们在交往的过程中故意制造一些摩擦来满足自己的心理需求。

M和N在同一家公司上班，因为两人对公司周围的环境都不是很熟悉，加上都是新员工，所以他们经常会选择一起行动。一个星期下来，两人的关系就有了大发展。

休息的时候，两个人还一起去看最新上映的电影。可是等到周一上班的时候，M就发现N对自己的态度发生了变化，变得不再像以前那么亲热了，总感觉N是在故意同自己保持距离似的。

于是M就开始思考，是不是自己哪里做错了，惹得N不高兴了。他苦思冥想了好长时间，还是没有想明白自己和N之间出了什么问题，于是索性就不再想了，而是专心做自己的工作。

过了几天之后，N又亲热地找到M一起去吃饭。N的这种转变让M非常不解，于是M就问道：“前两天是不是发生了什么事情？”N回答道：“没发生什么事情啊！只是天天和一个人腻在一起，会让我觉得不舒服，间断两天就没事了。”M听完N的回答之后，心中的石头总算落了地。

浪漫型人格在工作中的表现

浪漫主义者喜欢独特，因此他们在选择工作的时候，往往会选择一些能够发挥创造性的工作。如果这项工作是需要靠一个人的天赋来完成的话，则更加容易获得他们的青睐，因为与众不同对于他们来说有着非同寻常的意义。

浪漫主义者在工作的过程中希望自己的建议和观点能够受到重视，这会让他们在心理层面上获得极大的满足。如果别人对他们的观点置之不理，他们就会觉得自己的表现和大多数人一样，未能凸显出来，而这是他们不能接受的。

除此之外，浪漫主义者在工作中还有一个特点，那就是他们的工作效率会与情绪状态紧密地联系在一起，当他们的感情一帆风顺的时候，工作起来就会充满干劲；一旦他们的感情生活出现了问题，注意力就会从工作转移到自己的内心活动上，进而使得他们处在一种“半罢工”的状态。

浪漫主义者在工作中会非常希望获得权威的认可，他们认为权威的肯定代表的是自己工作的品质。对于浪漫主义者来说，认可、额外的奖励、特殊对待是非常重要的，这是他们异于常人的一个重要证明，也是他们自信的重要来源。

在工作中，泯然众人对于他们来说意味着随时可以被取代，而独特才是他们获得安全感的最大保障。所以他们最不喜欢的就是被当成大众中的一员，也不喜欢同别人进行比较。因为在他们的内心深处，每时每刻都在同身边的人进行比较，以便使得自己的表现能更加独特。而此时外界对他们的比较，只会使得他们更加关注另外一个人的表现，从而忽略了手中的工作。

在现实生活中，即便是很普通的工作，只要浪漫主义者认为它是有价值的，他们就会兴趣盎然地投入进去。因此，他们可以使原本很普通的一项工作焕发出全新的意义，让大家的思路为之一新，可以启发人们换一种眼光来看待自己的工作，从而使得人们从一种普通的事物中看到某些不平凡的价值。

和浪漫主义者在一起工作，人们经常会被他们独特的态度所影响，进而会为了实现自己的价值而努力工作。

M在一家机械公司上班，经常做重复性很强的工作，这让他觉得生活和工作都太乏味了，不禁有了想要辞掉工作的念头。但是，不久之后M的这种心态就改变了。

原来，公司最近来了一个新员工H，H每天都会对自己的工作投入很高的热情，别人觉得非常枯燥的事情，到了他的手中就会有不同的意义。H这种与别人不一样的态度很快就引起了领导的注意，随后H顺利从实习生转成了正式员工，和M同在一个车间工作。

有一天，M 问道：“你为什么对于大家都觉得非常枯燥的工作也能干劲十足呢？”H 回答道：“我觉得工作并不是为了迎合别人，而是在这个岗位上创造属于我的价值，因此获得了领导的赏识。当然，如果不喜欢也可以选择离去，但是留下了就要对自己负责。”M 听完 H 的这番话之后，想起了自己选择这家公司的初衷，于是再也不觉得自己的工作无趣了。

在团队工作中，需要避免浪漫主义者和别人出现在相似的工作岗位上面，因为他们总是觉得自己是与众不同的，能胜任的工作自然同别人也是有区别的。同样的岗位会让他们觉得自己没有受到重视，进而会影响他们的工作情绪。

但是，浪漫主义者在需要他们发挥作用的时候，便会毫不犹豫地选择挺身而出，因为他们觉得这正是展现自己独特价值的时候。所以说浪漫主义者通常会比较适合职位划分非常详细明确的工作环境。

在工作中，如果浪漫主义者提出的建议遭到了质疑，他们很有可能会把这种质疑当成是个人攻击，“对事不对人”这种说法，对于他们而言是讲不通的。其实他们在工作中，并不强迫别人一定要按照自己的要求去做，他们只是希望可以得到理解，希望可以获得情感上的慰藉。

浪漫主义者在潜意识中是非常喜欢竞争的，他们对于物质奖励和领导认可会格外在意，因此当他们成为领导者的时候，会表现得干劲十足，会为了自己的目标全力以赴。而他们这样做的动机只是为了让自己与众不同。

日常工作对于他们来说并没有什么挑战，当危机出现的时候，他们反而会表现得比以往任何时候都要出色。成功和感情一样，越是遥不可及，对他们越是有吸引力。当浪漫主义者成为领导时，他们能够把不同个性的人组织在一起，并在工作的过程中满足他们的情感需要，进而减少内部不必要的竞争。除此之外，他们通常还能使下属的潜力得到最大限度的发挥，在扩张、竞争的气氛中不断地激励大家完成计划目标。

L在一家传媒公司做策划组长，在工作中每当有新客户的时候，他都会表现出极大的热情想要将其拿下。他在工作中最大的特点就是，客户越难搞，他的兴趣就越大，他觉得只有这样才能证明自己的实力超出他人。

每当自己的团队成员被对方的各种要求折磨得快要放弃的时候，L就会不断地用各种方法来激励他们，使大家的士气得到鼓舞。但是，每当一个新的策划快要完成的时候，L的注意力又会转移到其他事情上面，让自己的组员做好善后工作。L的这种行为使组员能够最大限度地发挥自己的潜力，进而为自己赢得加薪的机会，这也使L和其组员之间能维持良好的人际关系。

怎样与浪漫型人格更好地相处

浪漫主义者在日常生活和交际中，习惯了以自我为中心的处事方式，因此他们心中会不自觉地产生一种优越感，觉得自己是与众不同的。这也使得他们不喜欢做那些平淡的工作，而是追求那些带有激情和挑战性的工作来证明自己的独特之处。

在工作中，如果他们觉得自己被放在了一个特殊的位置，那么他们就会变得非常积极，相反他们就会觉得失落和无趣。因此在工作中与浪漫主义者相处的时候，一定要让他们或多或少感受到自己的不同，而且要对他们的观察力、创意点表达自己由衷的赞赏。

除此之外，浪漫主义者在工作的时候对过程会表现出极大的兴趣，他们也会制订完美的计划，但是他们不喜欢严苛的工作目标。所以在同他们交流的时候，不要要求他们严格按照计划去做，一个不怎么清晰的未来对他们来说才是想要的。

浪漫主义者在工作的时候经常受自己的情绪影响，心情好的时候，他们浑身上下都充满了干劲；但是当其心情低落的时候，他们的注意力就会从工作上面偏离，转而去关注自身的情绪。

在这种状态下，如果你用一种内向的方式来表达自己的不满，或者用硬邦邦的语气去批评他们，都会使他们变得更加脆弱和敏感，让他们对自己的价值产生怀疑，反而更加没有心情工作。他们会不断地猜想："他为什么要这样对我？"

此时，要想他们把注意力拉回到工作上，首先就要让自己接受他们的情绪，认可他们内心此时的感受，听完他们的诉说之后，再如实地告诉他们这些情绪影响了工作。在这个过程中，让他们感受到你不能按照他们想法进行下去的为难之处，这样会更加容易解决问题。

M 在一家公司负责文案工作，因为公司只有 M 是学中文的，因此一些比较重要的发言稿都是出自他之手。这一点让 M 的内心十分满足，觉得自己在公司里是没人能够替代的。

但是随着公司规模的扩大，又新招聘了几个中文专业的人，同样都是负责文案工作。这样一来，M 的工作量虽然得到了分担，但是 M 却认为自己和新来的那几个人做的事情并没有什么差别，因此感到挺失落的，对工作也不如以前那么积极了。

上司察觉到 M 的这种变化之后，同 M 进行了一次谈话。上司对 M 说道："你最近的工作情绪没有以前高啊！是不是觉得自己和别人一样，没有受到重视？"M 听到这里，心中虽然非常认同，但是并没有说话。上司继续说道："公司的主任有好几个，光听主任这两个字的话，大家肯定都觉得没有差别，但是细细追究下来，你会发现每个人的工作其实并不一样。新来的那几个员工看起来虽然和你做着同样的工作，但是你的经验和资历决定了你要承担起比他们更重要的责任。不过你要是一直这样低迷下去，那公司肯定就会另作考虑了。”

谈话结束之后，M 觉得自己被理解了，而领导的那番话又很好地开解了自己。很快，M 又开始积极地投入到工作中去了。

在同浪漫主义者交往的过程中，人们有些时候会觉得他们的表现莫名其妙，因为前一天还同他们保持着亲密的关系，第二天他们可能就会变得非常冷漠，自己就像被抛弃了一样。当人们正在思考自己是不是说错什么话，做错什么事情并准备退回到原先的关系时，他们则又会笑容可掬地出现在自己面前。

其实，浪漫主义者就是这样一个追求“若即若离”感觉的人群，他们本身并没有什么恶意。因此人们在同他们相处的时候，不要把双方的关系看得那么紧密，要使双方保持一定的距离，这样同他们之间的关系才能更加和谐地维持下去。

浪漫主义者在生活中总是习惯跟着感觉走，他们对于成功的定义在很多时候与传统意义上的成功并不一样，别人认为可以功成名就、发财致富的工作，对于他们来说或许根本得不到认同。因为他们追求的是独特，是和大多数人不一样的。

因此，他们总是能以自己独特的视角来观察事物，然后把自己的热情投入进去。当我们同他们交流的时候，不要试着拿一些传统的定义和观念来要求他们，因为对于他们来说这很有可能是一种束缚。若想和他们保持良好的人际关系，就不要强迫他们为了工作而去做一些他们不感兴趣的事情，否则只会引起他们的反感。

H 毕业之后在一家外企上班，每个月都会有不菲的收入，时不时还能出国考察一番。在别人眼中 H 的这种生活非常舒服，不仅收入高，还能经常外出旅游。但是在这家公司工作了三年之后，H 果断地放弃了这份让人羡慕不已的工作，因为这份工作已经让 H 感觉不到任何新意，重复的流程也让他觉得工作内容相当乏味和无趣。

H 辞职之后选择去环游世界，并在旅行途中为一些杂志写专栏、拍点照片。旅行生活虽然让 H 失去了高薪收入，但是 H 却认为自己每天都会认识一些新的朋友，看到一些新的风景，这比在一个固定的地方上班有趣多了，他从不后悔自己做的选择。

浪漫型人格的心理调整

浪漫主义者总是习惯把自己的注意力放在已经过去的事情上面，然后思考自己当时如果换一种做法，会不会有更好的结果；又或是把注意力放在未来的某件事情上面，思考自己怎样去处理，才能有一个好的结果。

他们习惯停留在过去的遗憾中无法自拔，表现出对自己过去行为的自责。他们也特别容易沉醉在对未来的美好幻想中，认为自己的下一次行动肯定会没有遗憾。可等到下一次真正出现的时候，他们则又会对自己的行为进行新一轮的挑剔，就算他们的做法在别人眼中已经非常完美了。

这就需要提醒浪漫主义者，要能够承认并接受自己之前所犯下的错误，可以为此表现出悲伤的情绪，但是悲伤、感慨之后就要学会把它放到一边。浪漫主义者在面对未来的时候也可以进行美好的想象，但是必须承认现实与幻想之间存在的差距，并设法调节自己因为这种差距而产生的抑郁、愤怒情绪，进而避免让这种负面情绪影响自己，干扰他人。最重要的是，浪漫主义者要学会活在当下，珍惜眼前的真实。

浪漫主义者在现实生活中非常容易被自己的情绪所左右，属于那种经常感情用事的人。他们习惯把自己和自己的情感同等对待，觉得一定要把自己的情绪产生的缘由和解决办法弄清楚，然后再采取行动，这样才可以避免出现相同的错误。

除此之外，每当浪漫主义者的情绪发生激烈变化的时候，他们就会把自己的注意力放在情绪的变化上面，然后等待心情好转的时候再开始工作。在现实生活中，这种做法会在很大程度上降低他们的工作效率，让自身的工作环境也随之变得紧张起来。

浪漫主义者要想改变这种状况，就需要提醒自己情绪波动是很短暂的，而且情绪并不能代表自己本身。另外，还要让自己学会从对情绪的专注中解脱出来，使自己学会向外看，而不是将视线只停留在自己身上。

G 在工作中是一个非常纠结的人，经常会陷入过去的遗憾中徘徊自责。例如，他的策划案没有通过，别人的通过了，那他就会变得非常敏感、脆弱，然后不断地进行自我反省。就算这件事情已经告一段落，别人已经将注意力放在新的工作上面了，他却仍然沉浸在自己的世界里，不断地想："自己的策划案为什么没有通过呢？"

结果 G 因为对过去的事总是耿耿于怀，导致他工作经常不在状态，并因此错过了一个又一个表现机会。随后，他为了改变自己的这种陋习，就在朋友的建议下开始培养不同的兴趣爱好，结交新的朋友，最终使得注意力成功地从自己的情绪世界中转移了出来。

浪漫主义者在现实生活中对完整和真实有着超乎常人的追求，

他们所追求的真实，一方面是事情的真实，另一方面则是情感的真实。因此，他们在生活中会非常讨厌虚假和伪装。

喜欢诚实原本是一种令人敬佩的美德，但是真实并不意味着不会变通。浪漫主义者过于看重真实，会使得他们讨厌一切场面上的交际手段，觉得不真实就是虚伪，进而会影响工作，非常不利于团队合作和业务开拓。

而情感上的真实又会使得他们对自己的情绪难以控制，所以会把自身的情绪带到人际交往和工作中，给自己和别人带来不必要的麻烦。这就要求浪漫主义者既要学会包容，又要能够豁达地面对外界的一些人和事，从而更好地控制自身的情绪。

对于浪漫主义者来说，出现问题时，他们总是习惯性地先在脑海中进行无数次的推演，尝试各种解决方法，但就是不愿展开实质性的行动去推动事情的发展。因为不管是什么事情，对于他们来说没有解决的时候，才是这件事情最有诱惑力的时候，一旦决定要去解决，这种诱惑力就会失去，他们就会觉得没意思。

这就提醒浪漫主义者，要避免在自己脑海中模拟各种方案，特别是那些掺杂着消极情绪的模拟，因为它们不是真实的。与其把自己的时间浪费在这些无用的想象上面，还不如行动起来，体验一下真实的生活。

浪漫主义者对待自己情感的时候，总是对美好的感情充满了向往，一旦他们得到了自己想要的亲密关系后，就会被日常琐事所打败，然后迫使自己从这段关系中解脱出来。然而，当他们再回到原来的位置时，又会开始渴望恢复之前的亲密关系。因为他们希望通过幻想或艺术形式来塑造和巩固自己的情感，让自己的情感荡起激情的波澜。

他们总是固执地认为，这种戏剧性可以让他们完整地表达自己内心的情感，真正地认识自己，而平静和平凡是他们所不能接受的。想要改变这种状态，就要使他们懂得，不管多么轰轰烈烈的感情都有恢复平静的一天，习惯平凡才能做到不平凡。

M 在生活中是比较爱折腾的人，每隔一段时间都会同她的男朋友上演一出分手又和好的情感大戏。她觉得只有经得起这样的折腾，才能让彼此坚信对方是自己要找的人。除此之外，M 还喜欢活在自己幻想的世界中，每当自己的工作出现问题的时候，她就会在脑海中构思各种解决方法，然后再为每种方法找一个不能执行的借口，最后使得自己白想一场。

不过当 M 静下来的时候，她也会觉得自己这样做其实挺没意思的，于是她开始学着收敛自己的脾气，在工作中遇到问题的时候也不再胡思乱想，而是找到一种方法，就开始行动。M 的这种改变很快就收到了成效，她与男朋友之间的关系不仅更加甜蜜了，而且自己的工作能力也得到了领导的肯定。

浪漫型人格与其他人格的碰撞

浪漫主义者与协调者有很多相似之处，两者在人际交往中都能表现出自己的同情心，而且经常会被别人的某些经历所感动。除此之外，他们的注意力经常会放在周围的一些事物上面，还会在自己所营造的情绪环境中迷失自己。

他们认为自己是不完善的，总是留有遗憾，因此，当他们遇到一件事时，通常不会主动地去做，而是更愿意停留在思考的层面上。但是，这两种人之间仍然存在着一些差别。

浪漫主义者待人处事习惯以自我为中心，很少去顾忌自己的行为是否会给别人带来困扰。对于他们来说，独特和与众不同的感觉才是最重要的，而且他们也愿意接受自己的情绪发生急剧的转换。

协调者的大部分时间都是以别人的需要为出发点的，对于他们来说，避免生活中出现冲突才是最重要的。他们可以为了保持稳定的生活，让自己的想法跟随别人发生改变。因此，这两类人出现在同一个场合的时候，会比较容易制造和谐的气氛。

浪漫主义者在某些时候会被错认为享乐主义者，因为这两类人的身上都存在着理想主义的影子。他们待人热情，希望自己的生活充满激情和挑战，两者对于平凡的生活都没有太大的兴趣。另外，这两种人都十分注重自己内心的感受，甚至会停下手中的工作，沉浸到自己的感受当中。

但是，这两种人还是存在根本性的差别：享乐主义者会尽可能地避免负面情绪，乐观地看待生活中的人和事；而浪漫主义者则喜欢探究自己抑郁情绪产生的缘由，回味生活中的遗憾，把痛苦当成生活主要的部分。

虽然这两类人的世界观迥异，但是在工作中却能为对方的独特性所感染，因此他们在工作中也能进行很好的合作。但是，如果他们想要自己的工作善始善终，就需要双方都能改掉自己“想多于做”的毛病，脚踏实地地参与到工作中。

M 和 N 在工作中是非常默契的搭档，相同的工作目标淡化了他们情感上的差异，使得双方都能专注于自己热衷的领域。M 在工作中总是会有一些富有创造性的点子，但是他非常讨厌参与实现这个创意的过程。此时，N 的出现就可以很好地弥补 M 工作的缺失，因为 N 在工作中是一个习惯去做事，而不擅长做选择的人。而 M 的创意刚好可以对 N 的行动进行指导，N 的行动则可以让 M 的那些想法转化成现实。M 和 N 在工作中的默契配合让他们经常取得超越他人的成绩，引来别人的羡慕。

浪漫主义者和观察者处在相邻的位置上，两者之间也会表现出一些共同的人格特征：他们都非常善于分析，是经常进行自我反省的群体，在对外的交际过程中也会展现自己内向、敏感的一面。但是两者之间仍存在很大程度的不同：例如，浪漫主义者是最情绪化的，他们在以自我为中心的同时，对别人也会提出各种要求，而且经常会因为情绪的变化，进而改变自己的立场；而观察者却是最为客观的一类人，他们在待人处事的过程中很少会要求别人，而且他们能够坚持自己的个人立场。因此，当这两类人在一起的时候，不可避免地会发生矛盾和冲突。

实干主义者同浪漫主义者在一起相处的时候，两者之间也非常容易出现一些问题。虽然这两类人都会流露出自己对他人认可的重视，也能用自己的热情和创造性来包装自己的形象，但是两者在工作中表现出来的态度却迥然不同。

实干主义者对于工作会勇往直前，甚至可以为此压抑自己的情感。而浪漫主义者则不同，他们的目标非常容易受到干扰，也会经常带着情绪工作，让他们暂时忽略自己的感情是很困难的。如果这两类人是上下级关系的话，那两个人会因对方的表现而感到不舒服，因为两个人在本质上都有不愿妥协和服软的一面。如果两个人是平等的竞争关系，那么两个人就会因为都想获得上司的认可而斗得不可开交。

K 和 L 在工作中是上下级的关系，L 是一个典型的实干主义者，做事经常表现出超乎常人的精力，面对困难时也会积极地应对。然而 L 的这些表现并没有赢得 K 的认可，L 的争强好胜反而让 K 产生了一种危机感，K 觉得 L 这样做是为了取代自己的地位，因此两个人之间的关系变得有些微妙。

随后L为了缓和双方之间的关系，就在各种场合中都表现出自己对K的尊重，并表明自己最关注的是手中的工作，而不是一心想要往上爬。K感觉到L表达的善意之后，在工作中也不再那么排斥L了，并且时不时地表现出自己对他的赞赏，从而使双方的关系得到了改善。

Part6

观察型人格：目光停留在他人身上

观察型人格是九种人格中表现得最为冷静的一种人格，他们总是同周围的人和事保持一定的距离。在人际交往的过程中，他们通常会让自己待在一旁先进行观察，随后再参与。

观察型人格的特点

观察型人格是九种人格中表现得最为冷静的一种人格，他们总是同周围的人和事保持一定的距离。在人际交往的过程中，他们通常会让自己待在一旁先进行观察，随后再参与。

除此之外，他们在待人处事的时候，还会避免自己的行为被情绪所左右，在工作中也会尽量减少两者之间的相互影响。这种态度可以让观察者在重压之下仍然保持冷静的头脑和清晰的思路，使得他们可以成为一个出色的决策者。

观察者是需要高度隐私的人，在生活中如果没有属于自己的独立时间和空间，他们就会觉得思维枯竭，情绪焦虑不安。

当他们自愿进入独处的状态时，并不会像其他人那样因此感到无助、苦恼，反而会觉得非常自在，乐意享受这种隐私带来的快乐和安全感。他们经常通过独自沉思的方式，来回顾自己所经历的事情。因此，我们在许多观察者身上可以看到他们内向、孤独、喜欢思考多于交谈、喜欢独处胜过聚会等性格特征，梁朝伟和爱因斯坦就是他们中的代表人物。

观察者一直在担心这样一个问题，那就是“如果我没有知识了，别人就不会再喜欢我”。因此他们对知识有着超乎常人的追求，这使得他们非常容易成为某个领域的专家。

除此之外，观察者在现实生活中，经常会表现出与众不同的见识，会专注地投入自己所感兴趣的事情当中，哪怕他们所做的这件事情没有得到他人的支持和认可，要承担很大的压力。但是只要他们选择了开始，就会让自己排除外界的一切干扰，做到全力以赴，因此他们的工作经常得到他人的肯定。更为可贵的是，他们虽然会执着于自己感兴趣的事，但是并不会执着于事情与情感之间的联系。

观察者习惯观察的做法使他们对世界有更加深入和广泛的理解，与此同时也培养了独立的精神，因此，用特立独行来形容他们是再合适不过了。而且，观察者这种冷静的态度使他们无论在做事还是在认知事物的过程中，都能提出一种全新的观点和看法，能创造出极具价值又富有原创性的东西。他们看待事物时理智的态度又促使他们表现出心胸开阔，具有顾全大局意识的一面。

K 在工作中是一个出色的决策者，在面对一些重大挑战的时候，经常能做到临危不乱，理性对待。对于 K 来说，一天心情的好坏，情绪高涨还是低落，都与工作无关，他总是能让自己在工作的时候从复杂的情绪中抽离出来。

一次，K 在开车上班的途中与另外一辆抢道的车辆发生了轻微的碰撞，自己的车身被蹭花了一片。虽然那位车主当时就下车主动承担了自己的责任，但还是让 K 觉得很不舒服。

随后 K 把车送去维修，自己则郁闷地继续去上班。同事得知了

K 倒霉的遭遇之后，都以为他今天工作肯定会不在状态，必然想着自己车子修理和赔偿的问题。但是让大家没有想到的是，K 在工作中表现得和平常没有什么不同，甚至还非常出色地解决了两个紧急的事情。

下班的时候，同事问他："为什么你可以让自己的情绪和工作做到井水不犯河水呢？"K 回答道："本来自己的情绪就很低落了，如果再不把这种消极的情绪剥离出去，那么自己的工作肯定会受到影响，进而会让自己变得更加失落，这是一件得不偿失的事情啊！"K 的回答虽然让同事觉得非常有道理，但是并没有多少人可以做到像 K 一样。

观察者是非常喜欢思考的，但是他们在思考之后并不一定会采取行动。对于他们来说，思考和观察的意义远远超过了行动。因此，他们想做一件事情时，会进行一番全方位的调查，收集各种相关的数据，但是在思考、规划结束之后，他们就会选择到此结束，不去执行。这种对规划着迷的程度，如果不加节制，就非常容易脱离现实，变得好高骛远，甚至会变得完全脱离现实、排斥现实。

另外，观察者的交际能力相对较弱，他们会觉得知识要比人更加容易了解，更加容易把握，所以他们会对人产生一种疏离感，害怕与人接触。

对于他们来说，不干涉、不参与、不涉及，是他们最喜欢的一种状态，而生气和竞争都是需要控制的情绪和行为，过多的情感关系只会成为自己的负累。因此，他们总是想保持自己的独立，或者把自己从这种亲密接触的生活中剥离出来。

在生活中向他人推荐自己、与别人进行竞争、向他人表达自己的情感等，都会让他们觉得不舒服，感觉自己的生活受到了干预和控制。这是他们非常反感的事情。

L 是一个自我保护欲望非常强烈的人，他不喜欢去干涉别人，也讨厌别人对自己指手画脚，习惯在自己营造的环境中怡然自得。他总是提醒自己，欲望可能会让自己同别人发生接触，如果想要保持独立的空间，就要学会克制自己的欲望。

因此在朋友眼中，L 的生活是枯燥而又独特的。L 从来不会把自己两个彼此不认识的朋友相互介绍，也不会在交际的过程中主动表露自己的情感。L 时刻想要做的就是保护自己某方面的秘密，节省自己的精力去学习更多的知识。但是 L 会与朋友分享某种特别的兴趣或者感觉，然后维持双方之间这种特殊的信任，不让自己完全“与世隔绝”。

观察型人格的不同发展阶段

总的来说，观察型人格可以分为健康状态下的开先河的幻想家、感知性的观察者、专注的创新者；一般状态下的勤奋的专家、狂热的理论家、愤世嫉俗者以及不健康状态下的虚无主义者和精神分裂症患者。

在最健康的状态下，观察者能以非凡的感知力和观察力，展现出自己对现实独特的参透和领悟能力，没有什么事情能逃脱他们的观察。他们的好奇心使他们能够非常享受观察的过程，进而使他们通过观察的方式来满足自己对知识的追求。

他们能够根据自己的经验和想象力以及执着的态度，去发现事物之间的某些独特联系，进而展现出优于常人的创造力。而且，他们还会把自己认为有趣或者是有价值的事情，分享给身边的人。

健康状态卜的观察者在整个观察的过程中，不会把自己的想法强加于现实之上，总是能冷静、理智地研究事物的内在逻辑和结构，并能凭借自己出色的思考能力对其进行规划和分析，还会对事物的发展做出推演。

所以，他们在日常的生活中能拥有先见之明，能让自己的思路从一件已知的事物转移到未知的事物上面，从而可以成为开拓新知识领域和创造力的先行者。

除此之外，健康状态下的观察者对于观察对象的选择往往是根据自己的兴趣，无须他人的支持或者建议，因此别人对他们的无视和误解都不会让他们半途而废。对于他们而言，享受的是观察和探寻的过程，至于能否实现终极目标并不是最重要的。

但是，这并不意味着他们会为了所谓的兴趣盲目地去做一些不可能的事情。其实，观察型人格在更多情况下是一种内向发展的人格，他们通常会把注意力放在自己的观念世界和知觉世界中，对于行动却不是那么热衷。

观察者经常会认为自己的智力和感知力都要优于其他人，这种自我认知会让他们担心自己的思考到底是不是正确的。于是，他们就会把注意力放在自己所熟悉的领域内，为的是确保感知的准确性，并希望自己可以真正地掌握它们，然后为自己打造出一个别人难以匹敌的领域。

K是一个善于思考的人，他经常会反思自己的行为，然后不断地丰富自己的内心世界，这使他逐渐变成了一个十分有内涵的人。

K在同朋友进行交流的时候，会针对不同的人选择不同的话题，不会把自己在某个领域内新奇的发现告诉所有的朋友。因为他知道，并不是所有人都关心这个话题。K的这种处事态度，会让他人感受到一种别样的魅力，并为之着迷。这也使K的朋友虽然不多，但是每一个都与他有着深厚的交情。

观察型人格的一般状态和健康状态最大的区别在于，一般状态下的观察者总是害怕自己的知识不够而怯于行动，他们的“思”总是超过“做”。因此，他们在生活中进行大量重复的准备工作，然后更加深入地去研究自己所感兴趣的事情。但是他们会发现，随着研究的深入会出现更多自己不能掌握的领域，这时他们就会选择继续研究，或者退回到自己所熟知的领域当中。

一般状态下的观察者会将自己的注意力从才智创新和探索转移到对概念的想象和探究中，并开始产生逃避的情绪。他们可以在自己的想象中针对同一项任务设想出多种执行方案，但是却不会把这些计划付诸行动。因此，在探究的过程中，他们对自己处理问题的能力会变得越来越怀疑。

一般状态下的观察者虽然也有可能会成为某个行业的专家，但是这让他们的视野逐渐变得狭窄，开始更加认同自己的内心，而忽略现实环境的影响。他们虽然退回到自己所熟悉的领域当中，但是内心的不安却在逐渐加重。此时，他们开始沉浸于他人所认为的细枝末节上面，对于真正应该加以探究的东西却弃之一旁，这就导致他们无法收获自己想要的成果。

一般状态下的观察者，随着自身偏执情绪的发展，其自信心也开始逐渐流失，内心的焦虑和不安开始变得严重起来。此时，他们为了掩饰内心的不安，就会用一种具有攻击性的姿态来防卫自己，甚至会选择站在非正统的立场上，通过虚假的、没有实际意义的强大姿态来增加自己的信心。此时的他们喜欢用亲身经历来表达自己的观点，责难这个世界对自己的不公正待遇。

随着他们不安情绪的加重，他们会对自认为威胁到自己的人或事抱以敌对的态度。除此之外，他们对自我的怀疑也越来越严重，开始觉得四周都充满了敌意，此时他们为了保护自己的安全，开始切断同外界的联系，尝试独处。

这时候别人对他们的质疑或者无视，就会非常容易激起他们的怒火，而不再是觉得无所谓。他们会通过种种手段来诋毁别人的信念，贬低他人的能力，得到自己想要的满足感。此时他们的人际关系就会变得更加疏离，他们也不会再对人际交往抱有希望。

M 是一个喜欢在一些别人都不在意的细节上纠缠的人，他的表现有时候会让同事觉得不可理喻。例如，厂商已经确定了他们所需产品的颜色和形状，可 M 则会思考别的造型会不会更加适合市场的需求，并为此不断地征询客户的意见。这本来是一件很正常的事情，客户也觉得他是个很有想法的人，但是当他的提议遭到了驳斥的时候，他就会显得非常气愤，觉得自己的经验和判断受到了质疑。

于是他为了证明自己的建议是正确的，就会把所有精力都放在调查研究上面，从而忽略了自己真正应该做的事情。M 为此受到了多次批评，但是每当他有了新的想法之后，还是会忍不住表达出来。

观察型人格的情感世界

观察者在现实生活中并不是非常容易相处的，他们通常会为了保护自己的私密空间，而表露出对他人的抗拒倾向。他们对感情天生有一种恐惧的情绪，经常会提醒自己，不要把注意力放在感情上面，以避免亲密关系给他们带来的紧张感。

观察者在选择交友对象的时候，会希望对方与自己有着共同话题或兴趣爱好，最好能给自己提供一定的建议和帮助。对于他们来说，同没有能力的人进行交往是没有什么意义的，因此在同他们交往的过程中一定要展示出自己的能力。

在生活中，观察者面对别人的热情时会保持自己特有的冷静，他们不会一开始就被对方的热情所感染，他们的表现经常会让对方觉得不解风情。但是这并不代表他们对这份热情抵触，因此不要被他们的“冷漠”吓退，只要真诚地同他们交往，他们终归会被你的热情打动的。

观察者在情感的交际中反应相对比较滞后，他们不会积极热情地表达自己的感受，“有爱大声说出来”对于他们来说就好像天方夜谭一样。在一般情况下，他们不会选择用甜言蜜语或者亲密的行为来表达自己的感情，而是选择用一个饱含深情的目光来代替。

他们的真实感受总是在一个人独处的时候才会表现出来。观察者会在自己的内心深处不断地想象与朋友或是爱人在一起的场景，并从中得到自己想要的亲密感。但是他们很容易对频繁的亲密接触感到厌烦，这时他们就会选择从这种亲密的关系中退出，回到自己的安全区域中，然后开始思考自己内心最真实的想法，进而决定接下来的行动。

M 和 N 是在一次朋友聚会中相识的，当时 M 对 N 并没有投以太多的关注，而是和熟悉的几个朋友亲密地交谈。当别人都同 N 客气地打招呼时，M 仍然不为所动。M 这种行为反而引起了 N 的注意和好奇心，使得 N 主动地与 M 接触起来。

刚开始，M 对于 N 的主动并没有表露出太大的兴趣，只是安静地听着 N 诉说自己的一些兴趣爱好，然后出于礼貌对其做出回应。后来，M 和 N 又在不同的场合中接触了几次，两个人才逐渐熟悉起来。

随着两人关系的加深，M 选择从这段感情中抽离出来，开始对这段感情进行思考，最终决定要和 N 继续交往下去。两人在一起之后，他们在相处的过程中更多的是安静地看着对方，并没有说过太多的情话，但是两人之间的感情却变得越来越稳固了。

观察者不仅在生活中会表现出独立的一面，在情感世界中也不例外。他们习惯“躲”在自己的世界里，维持想要的独立和安全。当他们与外界相隔离的时候，他们又会希望出现一个人，把自己从自我的世界中拉回到现实中。

然而当这样一个人出现之后，他们则会担心亲密的关系干扰了自己的独立，会觉得自己受到了侵犯。因此，想要和观察者在情感世界中建立起良好的关系，就需要控制自己的占有欲和支配欲，为他们保留独立的空间。

观察者对待感情矛盾的态度，在外人眼中会觉得很难理解，但是一旦他们做出了承诺，通常都能经得起时间的考验。

观察者喜欢无拘无束的生活方式，他们在交际的过程中也经常会展现出自己博学、专业、有创意的一面，能用自己独特的视角给别人带来新意，也会经常冷静而理智地替对方进行分析。这些特点使他们在人际交往的过程中受到朋友的重视，进而使得双方的关系得到加深。

因为观察者能非常愉悦地接受他人赋予的某种角色和期望，一份工作、一个职称、交际中突出的地位，等等，都会使得他们变得积极起来。因此想要获得他们的情感认可，不妨多请他们提供一些专业的意见，还要对他们的创意表示认可。

H 在日常的交际中被认为是一个十分难搞的人，因为他的表现总是让人捉摸不定。每当别人觉得自己和他已经成为朋友，H 就会采取一系列行动，使得双方的关系变得冷淡起来。但是，B 却从来不觉得 H 是一个非常难搞的人，他们两人的关系得到了长期的维持。

有人向 B 询问他同 H 的相处之道，B 说道：“一般情况下，人们觉得关系好了就应该经常联系，甚至应该天天待在一起。但是，你们不要忘了，其实每个人都需要有独立的时间来处理自己的事情，也需要一个独立的空间来让自己放空，不管关系多好，每个人也都需要保留一点隐私。H 就是这样一个人，他只不过表现得更为明显罢了，因此在同他相处的时候需要把握好度，学会进和退就可以了。”

旁边的人听完 B 的这番话之后，觉得非常有道理，于是在同 H 交流的时候再也不会因为 H 的“急流勇退”而感到苦恼了。

观察型人格在工作中的表现

观察者在工作中话非常少，习惯冷静地观察事态的发展，然后在自认为合适的时机参与进去。他们总是害怕自己的知识储备不够，因此在行动之前他们习惯把自己的时间和精力花费在对知识的获取上面，以防自己做出愚蠢的决定，引来他人的嘲笑。他们会等到自己了解清楚相关情况后再开始行动。他们喜欢让一切变化都在自己的预料之中，以便自己能做好应对准备。观察者工作的目的并不是为了传统意义上的升职加薪，对于他们来说，追求个人的兴趣爱好更为重要，因为他们习惯在自己所掌控的领域内进行创新，进而展现自己专业的一面。

他们在自己感兴趣的岗位上，能表现出非凡的能力，专注而专业地解决工作中遇到的问题。但是，当他们遇到一个自己毫无准备和经验的问题时，他们就需要观察一段时间，才能把事情想清楚。

这也是为什么当他们从事一个新行业的时候，会长时间地处于观察状态，这样做正是为了让自己完成相关经验的积累。他们努力工作的目的是为了让自己获得独立的地位，进而来保护自己的隐私，享受自己不被打扰的个人环境。

在工作中观察者会认为把感觉当作决策的方向是一种失控，因此他们在处理事情时会避免感情的介入，对于阿谀奉承也会非常反感。他们通常会给人们一种外表平静、缄默，内心超然的感觉，与世无争、随心所欲的性格特点在他们身上表现得非常明显。

然而，在工作中千万不要被他们“高冷”的外表所迷惑，其实他们是非常善于规划和分析问题的，面对高压状况他们也可以做到理智分析。除此之外，观察者在苛求精细的同时也会表露出自己的质疑，他们会努力地寻找和利用某些相似的原理来解决眼前的问题，进而使自己成为一个出色的幕后策划者。

K 毕业后本来是有机会去国企工作的，但是他觉得国企的环境并不适合自己的发展，于是就选择了一家与自己兴趣和专业相契合的软件开发公司。K 刚到公司的时候，话非常少，大部分时间都在观察和倾听，而且还会利用休息时间不断地丰富自己。

就这样过了一段时间之后，K 开始表现出自己的热情和能力，并且很快就取得了不俗的成绩。随后 K 又根据自己的知识储备和对行业发展的预测，向公司提交了一份企划报告，并赢得了公司领导的重视。

公司根据 K 的企划报告，顺利地抢占了先机，成功地扩大了市场份额。这也使 K 成功地得到了提升，开始参与公司的策划工作。

观察者在工作中十分注重自己的独立空间和时间，习惯在工作中划分一系列界限，杂乱无章地和别人混淆在一起是他们所不能接受的。他们喜欢一个人完成工作，如果处在一个容易被干扰的环境中，他们的工作效率就会变得十分低下。

观察者在工作的过程中经常会觉得自己被他人的安排所控制，而这种感觉会让他们非常不舒服。除此之外，他们认为把加薪和升职作为自己的工作动机，会很容易让自己成为工作的奴隶，失去人身自由。对于他们来说，成功就是让自己可以在一个充满利益、竞争、地位的工作环境中保持独立性。

观察者在工作中是一个慢热的人，对于快节奏的转变有时候会反应不过来，甚至会有点恐惧和抗拒。因此在工作中，要给他们预留一段适应的时间，不要有太多的临时决定，这会让他们摸不着头脑。

但是，观察者一旦投入工作，就会像一个工作狂一样干个不停。对于他们来说，奖赏和利益根本算不上什么动力，能满足自己在某一方面的知识需求才是最重要的。因此，当他们面对一个难度与意义并存的项目时，最能激发他们的斗志。

对于观察者来说，他们更加喜欢独立完成任务。一旦遇到自己感兴趣的问题，观察者就会全身心地投入进去，进而忽略身边人的感受，只有在必要的时候他们才会联系自己的同伴。

对于他们来说，团队合作除非能有极其明确的分工，否则根本不能提起他们的兴趣。开会对于观察者来说是一个大包袱，他们不喜欢将各种问题放在一个时间段内进行疯狂的讨论，这会让他们感到厌倦。

观察者如果在工作中处于领导地位，那么他们经常会充当思想者或者分析者的角色，然后让一个更加活跃的人去冲锋陷阵。观察者关注的是思想，他们会用自己的方式来表达想法，然后把任务直接抛出来，再等待大家采取行动。

如果需要他们出席一些公众活动，观察者会事先做好各项准备工作，使得自己能有恰当的表现。在工作中，有时候他们会突然宣布一个决定，丝毫不考虑他人的想法和建议，他们的绝对理智会让别人觉得冷酷无情，难以接触。

M 在工作中非常慢热，每当领导布置一个新的项目时，他都需要花费比他人更多的时间来适应。M 在工作中从不轻易地表露自己的想法，因为他总是觉得自己的知识储备不够，害怕自己说错话或者做错事。在开会时，每当他心里想好“完美”的发言稿时，会议讨论的话题早已经发生了转移。

然而，M 在工作岗位上却能做出一番让别人羡慕的成绩，他的业绩可能不是最好的，但是他的工作报表绝对是条理最清晰的，他总是能让自己在熟悉的领域内做到最好。而且他也非常善于处理自己所熟悉的领域中出现的一些问题，并让自己表现出超乎常人的热情，进而满足自己对相关领域知识与经验的追求，同时也为自己赢得升职的机会。

怎样与观察型人格更好地相处

观察者非常注重自己的私人空间，沉默寡言、凝眸静思是他们一贯的表现方式。他们不习惯去关心别人，对别人的关心也不表现出很大的欲望，总是习惯性地待在自己的世界里看着别人的表现，因此经常会给人一种难以相处的感觉。

隐私对于观察者来说并不只是关上房间的门，让自己独处那么简单。他们有着自己的精神生活，经常需要时间进行思考，此时不冒昧地打扰他们的内心世界就显得非常重要，而且他们不喜欢别人对自己产生依赖，也会避免自己对他人产生依赖。

这就提醒人们在同观察者交往的时候，要能够控制好自己的好奇心和占有欲。不管两人之间的关系多么亲密，都不要要求对方和自己一样，能够随意地向朋友坦白自己的内心世界，要学会尊重他们的私密领域。

观察者的理智和冷静使他们在人际交往的过程中并不善于交谈，能言善道很少会出现在他们身上。正因为如此，在同他们交往的时候，要注意自己的说话态度和内容，不要因一些没有意义的谈话，使他们的交流欲望降低。

在现实生活中，他们通常对没有逻辑的谈话、评价、命令嗤之以鼻，在他们看来，你说的话并不是简单的一句话，而是你内心知识和价值观的一种综合表现。观察者不喜欢把自己的精力和时间浪费在肤浅的交际上面，他们做事习惯根据自己的兴趣行动，“话不投机半句多”是他们最常见的一种交际反应。对知识、理智、客观的追求，导致他们期待谈话的对象能够表现出自己的高素质和专业性。

观察者不喜欢亲密的感觉，不管是身体上的亲密还是情感上的亲密，都容易让他们觉得受到了冒犯。他们在乎的是一种精神、知识层面的交流。如果观察者遇到了一个能让自己产生共鸣的人，他们就会一改自己沉默寡言的状态，兴致勃勃地同对方进行交谈。

但是，一旦他们发现对方不能再满足自己的好奇心和求知欲之后，或者是一直在重复已有的观点时，他们就会毫不犹豫地收回自己的兴奋情绪，转而变得冷淡起来。这就提醒人们在同他们进行交际的时候，能表达一些新奇的观点和看法来吸引其注意。如果在谈话的过程中能够承认他们在某些领域中的权威性，并在沟通的过程中真诚地向他们请教，也会非常容易赢得他们的好感。

K是一个典型的观察者，对于聚会他是能避免就避免，经常会一个人待在某个地方，感受自己的内心。因此，K被其同学朋友认为是“隐士”一般的人物，好在大家对他的行径已经见怪不怪了。

有一次，K破天荒地参加一个书画交流会，在休息的时候，身边一个书画爱好者同他交流起来。刚开始，两人谈着各自对书画的看法，气氛还算和谐，但是谈着谈着，对方开玩笑地说道：“都说字如其人，我看了你的字后，觉得你好像心事比较重啊！”这句话一说出口，K 的脸色马上就变了，觉得对方是在窥探自己的隐私，于是转身离开了，留下对方尴尬地站在那里。

观察者有些时候会因为他人的期待而倍感压力，他们虽然和大多数人一样希望获得肯定，但是他们又往往担心自己会被别人的期待所控制，进而失去独立的地位。所以不管是在日常交际还是在工作中，都不要对观察者施加太大的压力，也不要刻意地接近他们。

因为当他们感觉就要发展为亲密关系时，会害怕个人空间被占据，进而会选择逃离。除此之外，对于一些临时决定或者重大决定要给予他们单独思考的时间，催促对于他们来说无异于强迫，他们做事时习惯进行反复思考，所以在和他们相处的时候要有耐心。

观察者在日常生活中不会去关注物质享受，金钱对于他们来说就是获得独立和空间的工具，能够不被打扰，保留更多的时间和精力去学习、研究他们所感兴趣的事物，才是他们最为关注的。

有些时候，他们在工作中也能提出一些具有建设性的意见。这时候对观察者最好的奖励方式是给予他们更多独立的时间和空间，或者是表现出对他们拥有的渊博知识的尊敬，给他们提供展示其学识的平台，而不是用职位和金钱去表达对他们的赞美。

L 在生活和工作中都是一个随心所欲的人，他选择工作的标准不是高收入和稳定，而是以兴趣为主。当他面对感兴趣的工作时，就会表露出专业、严谨的一面，而他的逻辑思维和原则性使他取得了现在的成就。

然而，L在刚开始工作的时候，虽然脑海里储备了非常丰富的理论知识，但是不善表达的他却没有什么表现的机会。直到有一次，别人都下班了，L仍然在公司加班看一本与他专业相关的书籍，结果发现了关于产品方面的几处错误。当他打电话给上司的时候，上司由于外出度假，就没有接听这个无名小卒的电话，因此L就把电话打给了总经理。

总经理听完L的讲述之后，立刻赶到了公司，随后和自己的团队一起研究，并证明L的说法是正确的，于是马上对产品进行了召回，进而保全了公司的声誉。当总经理询问L想要什么样的奖励时，L回答道："给我提供一个独立研究的办公室就好了。"总经理立刻答应了L的要求，并把他吸收到自己的研究团队中。

观察型人格的自我心理调整

在现实生活中，观察者经常对自己的社会关系感到困惑，他们一方面会因为身边缺少理解自己的人而感到痛苦，另一方面又害怕亲密关系让自己的自由受到限制。于是他们会选择用理智、客观、冷静的方法，使自己从复杂的人际关系中抽离出来，进而让自己拥有更多的时间和精力去从事感兴趣的事情。

这种过于理智的行为，在更多的时候会让他们向着不近人情的方向发展，使他们变得冷漠起来。除此之外，观察者对于知识的追求，有些时候也会发展到偏执的地步，他们会把自己所有的时间和精力都放在对知识的追求上，却不愿意花费时间来打理自己的感情世界，最后使自己的感情世界变得越来越无趣。

这时候就需要提醒他们，对于自己的情感关系要学会容忍而不是逃避，情感上的接触不等于受到伤害，更不能说明自己会被对方的想法所控制，不要让自己的情感被一系列理性分析所替代。因为精神世界里存在的想法并不能替代真实的社会经验，不要拒绝自己所有的感性，因为人不是一台理性的机器。

观察者的情感世界越贫乏，就越渴望一种隐居的状态，他们会逐渐产生一种与世隔绝的想法。但是这并不代表他们对物质财富是无欲无求的，他们反而更加清楚财富对于他们的重要性。观察者会认为，财富是他们安全和独立的一种保障，可以避免自己的私人空间和时间因为财富的短缺而遭到侵犯。所以，当他们取得了一定的财富之后，不是去享受而是为自己建一个“城堡”，把自己保护起来。

霍华德·修斯是一个典型的观察者，是美国历史上一个将神话和怪异集于一身的人物。他本人有着航空工程师、企业家、电影制片人、飞行员等多个身份。他 17 岁时成了孤儿，辍学接管父亲的企业；21 岁就开始了电影制片人生涯，拍摄出许多知名的影片，并获得奥斯卡喜剧奖；在其随后的生涯里，霍华德·修斯在飞行方面又创造了多个世界纪录。

除此之外，霍华德·修斯一个人还掌握着环球公司 78% 的控股权，身价早已上亿。但是，他的这些财富和成功并没有让他获得自己想要的满足感，反而使他在 45 岁的时候开始了隐居生活，让自己避免同别人发生过多的接触。

观察者在做事的时候习惯“三思而后行”，这种习惯使他们在面对突发状况的时候很容易不知所措。由于生活不可能总是按照他们预想的那样发展下去，这就提醒他们要正视自己的思考能力，不要让思考成为行动迟缓的一个诱因。

除此之外，观察者在生活和工作中会十分抗拒和别人进行合作，他们觉得独立解决问题是一个人应有的基本能力。观察者内心对于依赖十分反感，也不愿过多地展现自己的成果和能力，他们的生活和工作中随处可见明显的界限。

这时候就需要鼓励他们，能够正视自己的“无知”“无助”，承认自己不是全知全能的，要学会冒险、求助和合作。

观察者在生活中会表现出“独行侠”的一面，他们很难相信别人，也不愿向他人表露内心的想法和情绪。他们会为了保证自己的独立和保护自己的隐私，避免同他人在交往的过程中发生冲突，进而让自己从交际中抽离出来。

观察者还拥有超出常人的优越感，他们能够很好地掌控自己的感情而不是受感情的控制。这时候就需要提醒他们，情感交际和冲突是一个人正常生活中不可避免的一部分，学会接受他人的需要和情感表达，在生活中是非常重要的。

每个人都需要有几个默契的朋友，观察者也不例外。解决冲突最好的办法不是转身离去，而是两个人一起努力把问题解决掉。

观察者在生活和工作中习惯用思维取代实践，他们面对一个需要解决的问题时，可以在脑海中幻想出多种解决方案，但是却不会采用任何一种来解决问题。

除此之外，他们在情感世界中会选择不断巩固自己孤独者的立场，然后进行不切实际的幻想。这时候就需要提醒他们，生活的意义不是被动地等待，而是积极主动地表达和展现。

M 在一家公司做销售主管，他非常热爱自己的工作，也曾多次创造出不俗的业绩，并因此受到领导的嘉奖。但是，他的成功仅仅表现在自己身上，而不是整个销售团队，这也使M在其团队中并不是很受欢迎。

据M的下属反映，虽然大家都非常欣赏M的能力，但是总觉得他对大家不太尊重。M不会像其他主管那样去关心自己的下属，想着要和团队合作共赢，也不会主动和员工就工作中的问题进行沟通交流，更不要说为下属争取一些应得的福利。他做得最多的就是对下属的报告进行修改或者重写。

M对自己的专注，对下属的不管不问，使他的团队成为公司人员流动最为频繁的一个团队。公司的管理层虽然知道M自身的问题，但是他们明白M是一个不愿意去干涉别人，也不希望别人插手他工作的人，只好在对M进行暗示之后，将其调到了另外一个更加适合他的部门。

观察型人格与其他人格的碰撞

观察型人格与完美型人格在现实生活中非常容易被误认为是同一种人格，因为具有这两类人格的人在生活和工作中都会表现出理性的一面，做事之前都喜欢进行一番周密的思考，以便自己的行动更加得心应手。

除此之外，这两类人也能够掌控自己的进退，做事时对度的准确把握让他们变得更加冷静、理智。但是这两类人仍然存在各自的侧重点：完美主义者在做事的过程中会表现出极大的热情，并希望自己的这种热情可以感染周围的人，他们对于自己的欲望和需求也会进行直接的表达。他们不仅会不断地提高对自己的要求，也会以此来要求别人和自己保持同样的步调。

观察者在做事的过程中，会表现得非常冷静甚至是冷淡，他们通常不愿意和别人有过多的交集，也不会关注他人的感受，希望这样可以让自己免受他人的打扰，以便保存自己的精力。

观察者与完美主义者之间的差别，使他们在工作和感情生活中发生着不同的碰撞。观察者在工作中非常热衷研究，能够在探索和挑战面前展现出自己最积极的一面，这源自他们对知识的痴迷的追求。

完美主义者对完美的追求，使他们在工作的过程中非常重视细节，希望自己可以做到尽善尽美。因此，这两类人在合作的过程中能够大幅度地提升工作效率，避免浪费时间。而困难和挑战不仅不会让他们退缩，反而会让他们更紧密地联合在一起。

除此之外，这两类人都喜欢独立工作，在工作中强调的是工作上的联系和合作，而不是情感上的联系。他们在工作之前也都喜欢做好准备工作，让自己做到心里有数，因此，在工作中他们大部分时间都可以做到友好相处。

但是如果工作中出现了问题，他们的第一反应都是习惯性地后退，这时候就需要观察者能够做出改变，与对方进行积极的对话，因为观察者的沉默对于完美主义者来说就是批评。

他们在感情生活中都非常注重对情感的控制，希望自己的生活可以有条不紊地进行下去。然而这种交流不多的生活，让他们非常容易陷入误解之中。这就要求这两种人在生活中能够认识到，与其压抑、逃避自己的情感问题，还不如直接、真诚地表达，这样反而更有利于双方进行和谐的交往。

M 和 N 在大学期间因为参加同一个社团而相识，然后在学校举办的各种活动中渐渐产生了好感，大学毕业的时候双方走到了一起。但 M 是一个非常不善于表达自己内心情感的人，习惯把所有事情都放在心里，而不是说给对方听。刚开始的时候，N 觉得可能刚毕业压力太大，有心事是很正常的，就没有多想。

但是随着时间的推移，M并没有因为就业情况好转而有所改变。当别的情侣都是甜言蜜语、你侬我侬的时候，M仍然是一张扑克脸，对女朋友毫不关心。最后N实在是忍不住了，就对他说道：“你天天这么闷闷地不说话，是对我有什么不满吗？你对别人这样冷淡也就罢了，对我能不能多点积极的回应，不要让我感觉每天都是在唱独角戏。”

M听完之后，也察觉到了自己的问题所在，慢慢地开始改变自己对情感的态度。渐渐地，他在两人的情感世界中扮演起顾问和指导者的角色，两人的关系也得到了大幅的改善。

奉献主义者同观察者在生活和工作中是非常互补的，他们对于别人的需求都十分敏感，在付出的过程中也能做到屏蔽情感对自己行为的干扰。这样的共同点使双方有了合作的基础，而两者之间存在的差异，刚好可以使双方的合作达到共赢。

观察者对他人的帮助是阶段性的，因为他们通常需要时间来保护自己的个人空间。而奉献主义者对于别人的帮助和关注则是持续性的，他们可以为了满足他人的要求而压抑自己的需求。这两类人的处事方式使双方在工作和交往中能够找到适合自己的位置，做到和谐相处。

观察型人格是九种人格中最为封闭的一种，而奉献型人格则是九种人格中最为开放的，他们在感情生活中虽然表现迥异，但是却能像磁石的正负极一样被对方所吸引。

奉献主义者经常会被观察者的镇定和安静所吸引，并很敬佩观察者能够从感性中抽离出来，不受他人的影响。观察者则经常被奉献主义者的热情关怀所打动，并对他们参与各种活动的积极态度表示羡慕。这两类人之间巨大的差异，让双方的生活都处在一种平衡的状态之中，也让双方陷入一种艰难的“情感拔河”当中，即奉献主义者想要积极地融入对方的生活，而观察者则想要保持独立的空间，进而选择后退。

这时候，就需要双方对各自的习惯加以节制，尊重对方的生活方式，而不是一味地表现出进攻或者逃避的姿态。

H 和 J 在生活中是一对众人欣羡的夫妻，两人在性格上虽然有很大的不同，但是却能做到和睦地相处。H 的一个朋友向其询问夫妻之间的相处之道，H 回答道：“两个人在一起的时候，都经历过或长或短的蜜月期，都会被对方所表现出来的某些特质所吸引。而这些特质的吸引力想要维持较长的时间，就需要双方能够保留一定的空间，并表现出对对方的尊重。如果对方身上有什么自己讨厌的地方，可以同对方进行真诚的交流，交流双方的感触和看法，这样就可以很好地解决彼此之间出现的一些问题。爱，其实就是让对方做自己，而不是让对方成为你自己。”

朋友听完之后，内心感触颇多，随后在与女朋友的交往中改变了自己以往过于强势的做法，很快，双方之间的感情便有了好转。

Part7

怀疑型人格：我们天生多疑

怀疑主义者是具有高度责任感的，他们可以为了履行自己的责任和义务做出巨大的自我牺牲，他们也非常重视自己所做的承诺。

怀疑型人格的特点

怀疑型人格又被称作忠诚型人格，从这两个名称上就可以看出，怀疑主义者之所以怀疑是因为他们对忠诚看得太重，以至于有些时候他们会表现得多疑。怀疑主义者最基本的欲望就是追求忠心，他们会害怕自己如果表现得不顺从、不忠诚，就没有人喜欢自己。

他们的行为表面上看起来非常顺从和忠诚，但内心其实非常忧虑、悲观，以至于他们在做事的时候表现得过于小心谨慎，面对新的事物时内心会感到恐惧和不安。

怀疑主义者的内心充满着矛盾的情绪，他们在情感上通常表现出依赖他人、顺从他人的一面，却自认为非常独立；很想得到他人的信赖，也想表现出对他人的信任，但在交往的过程中又希望可以通过种种考验和测试来减少自己的疑虑；很想得到权威的肯定和保护，却又会质疑权威的威信。

怀疑主义者很容易陷在思维的沼泽中，他们缺乏做决定的能力，在生活中经常表现出难以自主的一面，总是期望自己在做决定时身边能有一些可以提供建议的人或者组织。从某种意义上来说，他们所追寻的安全感就是对自身以外的权威忠贞不渝的顺从和全身心的投入。

怀疑主义者的怀疑并不是停留在表面信息上，而是表现在内心的疑问上，即外表背后所隐藏的内心。他们总是习惯性地探寻现实世界的深层含义，并希望能够透过表象看到本质，因此他们会非常偏执地去思考对方话语背后的意义、去探究对方的笑容背后所隐藏的本质，希望自己能够发现其中隐藏的一些意图。对于他们来说怀疑并不等于不信任。

怀疑主义者的怀疑出现在失去他人的支持之后，对于他们来说，自己需要他人不断地支援和引导，否则就算获得了成功，他们的内心也会觉得十分沮丧。当怀疑主义者失去了原有的支持，开始寻找新的权威时，内心就会变得敏感、多疑、焦虑，没有安全感。

除此之外，怀疑主义者对未来总是有一些悲观的想法，希望自己可以做好充足的准备来应对意外的变化，因此他们的内心经常被自己虚构出来的未来折腾得焦虑不安。当生活中遇到逆境的时候，怀疑主义者会把自己的期望值降得很低，让自己保持一种谨慎的态度，应对自己对未知的恐惧和不安。

M 在日常工作中，不但能够根据领导的指示出色地完成任务，也能根据政策的变化做出灵活的变动。最近，公司新开了一家分公司，领导决定让 M 去当新公司的经理。M 内心虽然知道这是领导对自己的信任和重视，但是他在接受任命之后，却陷入了患得患失的困境当中，觉得自己身边缺少了一个可以依赖的权威。于是，M

就拿着自己新的企划到领导面前征询意见，而这种征询有些时候会反复好几次，直到最后弄得领导非常不耐烦，把他批评一顿，而此时 M 心中才会感到踏实。

怀疑主义者性格上虽然比较矛盾，但是身上仍然有着非常吸引人的闪光点。怀疑主义者是具有高度责任感的，他们可以为了履行自己的责任和义务做出巨大的自我牺牲，他们非常重视自己所做的承诺。

在工作中，怀疑主义者也是可以进行友好合作的伙伴，他们能够建立一个稳定合作的团队，构建一个忠实可信的人际网络，进而使得周围人的工作都十分高效。他们天生是解决问题的高手，可以在生活和工作中表现出远见卓识以及强大的组织能力。

怀疑主义者在现实生活中非常容易得到同伴的认同，他们宁可委屈自己，也不会让朋友感到不满，人们可以放心地把事情托付给他们。虽然有些时候他们表现得犹犹豫豫，但是只要能够给予他们支持和肯定，把他们感到疑惑的地方解释清楚，他们就可以出色地完成交给他们的任务。

他们不喜欢周围的环境变来变去，在团队中他们能够做到遵守纪律，不会因为一点挫折和困难就发生“不忠”。但是，他们也可以为了有价值的建议和想法去挑战权威、面对打击，尤其是在自己的同伴需要支持的时候。

H 是一家传媒公司的业务骨干，工作能力和人品都有口皆碑，和同事之间的人际关系也不错。由于公司最近处于低潮期，一个偶然的机会，一家猎头公司关注到了他，用一个报酬是现在三倍的职位来拉拢他，但 H 最终却选择了拒绝。

H 的朋友知道了这件事之后非常不解，就向其询问原因。H 回答道："我在现在的公司很受老板的重用，和同事们之间的合作也非常默契，周围的一切都在我期望的范围之内，没有必要冒险去另外一家公司。另外，虽然公司现在的状况不好，但是我相信用不了多久公司的状况就会有所好转的。"果然，两个月之后，公司成功地扭转了局面，H 也因为自己出色的表现而升了职，工资翻了好几倍。

怀疑型人格在不同阶段的表现

怀疑主义者在健康状态下可以表现出许多优秀的品质，能够成为一个勇敢、迷人的朋友或者是一个忠实的伙伴。怀疑主义者在最佳状态下，会让自己内心的声音与外界权威的评判保持一种和谐的关系，他们不再不停地怀疑自我，而是学会了肯定自己。

此时的他们不再刻意地追求外界给予的安全感，而是学会了从内心深处获得鼓舞人心的力量，变得非常受人欢迎。此时的他们相信自己有能力处理生活中发生的一切，他们身上表露出平静、果断、沉着等成熟的气质，而不再陷入悲观的怀疑当中。

健康状态下的怀疑主义者能够在日常的交际中给予他人勇气和信心，此时，他们的内心有一种不屈不挠的坚忍，对于生活中出现的各种挑战也可以做到勇敢地面对，而不再是犹犹豫豫。他们不仅可以成功地做到独立解决问题，也能和他人进行友好的团队协作。

健康状态下的怀疑主义者在人际交往中不会出现某一方处于支配地位的局面，彼此之间是平等的合作伙伴，可以做到相互支持和相互关爱。此时的他们拥有真正的安全感，那就是相信自己，故而他们也会相信值得他们信任的人。他人感受到他们的信任之后，同样会用友好和信任做出回应。

但是，健康状态下的怀疑主义者也不总是完全自信的，有些时候他们会从与外界的联系和交流中得到自己想要的安全感。在这种情况下，他们会选择通过强化已有的感情、同盟或者安全结构来确保自己的安全。

为了取得这样的效果，怀疑主义者就会变得务实和负责，为了减少不必要的麻烦，他们会尝试着把纪律引入自己的工作中，并将之贯彻、实施下去。此时的他们会对自己的工作感到自豪，并愿意投身其中，为组织做出贡献，也愿意对周围的同事表现出应有的尊重。因为他们明白自己的安全感主要取决于自身所在的团队，因此，他们更愿意与他人通力合作以维持组织结构的稳定，使团队更加稳固和健康。

K 在工作中非常注重团队成员之间的协作，也愿意在工作中奉献自己的力量，这使 K 有了良好的人际关系。他现在担任部门主管一职，在公司算是一个比较年轻的中层领导，但是 K 却从来不会因此而看低下属的能力，反而会对他们的创意和业绩表现出应有的尊重。

K 的这种表现让朋友感到钦佩，于是就向 K 请教，K 回答道："公司是一个讲究业绩和团队合作的地方，团队不能进行有效配合的话，那么业绩肯定就会大打折扣。所以，在对他们的工作进行查缺补漏的同时，也要不间断地表示肯定和认可，这样才能激发他们的积极性，创造出更好的业绩。另外，他们是我负责招聘进来的，不负责任地否定他们就是在否定自己。”K 的朋友听完之后，表示非常赞同。

当怀疑主义者处于一般状态的时候，就会成为一个尽职尽责、忠诚可靠的伙伴，但也可能发展成一个矛盾的悲观主义者，甚至是一个挑战权威的反叛者。在现实生活中，该阶段的怀疑主义者一旦确定建立某种关系或者开始某项工作的时候，他们内心多疑的一面就会表露出来。

他们开始担心周围会出现某种不好的状况，行为也开始变得小心谨慎，以防自己的工作出现失误。他们会为了追寻自己想要的安全感更加努力地工作，甚至愿意做出更大的奉献，承担更多的义务。此时，他们对自我的肯定已经消失殆尽，转而从同行或者权威的认可中获得安全感。

当怀疑主义者过分忠实于自己的责任和义务的时候，他们内心的焦虑就会加深，会变得越来越害怕失去盟友或者安全体系的认可。当他们认识到自己不能做到对所有的人或事忠诚的时候，他们就会通过一系列的测试帮助自己认清谁是自己真正的支持者，而这些测试使得他们最终变得越来越警惕多疑，让人捉摸不定。

这时的他们不愿从已有的观念、知识、环境中走出来，开始对改变表现出抵制的情绪，认为改变是对自身安全的潜在威胁。因此，他们的思维和观点会慢慢变得越来越狭隘、固化，以致使自己失去了原先条理清晰的推理能力。

在这种情况下，怀疑主义者由于与内心的权威失去了联系，不再相信自己，变得做事没有主见，无法下定决心，因为他们内心没有一个做出评判或者可以依赖的标准。

当怀疑主义者无法消除内心的怀疑和焦虑时，他们对于外部权威就不会再表现出顺从的一面，而是成为一个质疑权威的反叛者。他们担心矛盾和犹豫不决会让自己失去盟友和权威的支持，便想采取一种补偿的方式来证明自己并没有焦虑不安、犹豫不决。但是，过度的补偿会使他们变得过分热情而极具攻击性，最终，怀疑主义者会变得卑鄙、刻薄、防范心很重，把周围的人简单地分成朋友和敌人两类。

当怀疑主义者从一般状态逐渐地滑入不健康状态时，他们就会变得极端依赖别人和自我贬抑，同时产生一种强烈的自卑感，觉得自己非常无能。他们认为自己在生活中受到了迫害，总觉得别人在算计自己，然后在极度的抑郁之中丧失理性。

H 在生活中是一个依赖性非常强的人，在工作中也经常希望同事能够给自己提供一些建议或者参考，否则他就会觉得自己的工作哪里出现了问题，从而迟迟不去行动。后来公司内部重组，H 到了一个新的部门，这让他觉得自己以往的安全结构受到了破坏。

无奈之下，H 只能按照公司的制度小心翼翼地做着自己的工作，生怕哪里出现了差错。重组之后的第一个星期，公司要求每个人都写一份工作报告。H 开始担心自己的格式不正确，内容写得不够充实，迟迟不敢下笔。等到好不容易写完了，又开始担心自己的工作报告不能顺利通过，迟迟不敢上交。最终 H 还是看了一下新同事的工作报告，才得到了一点安慰，减轻了一些疑虑。后来，随着彼此之间的熟悉，H 除了犹豫不决，又多了一个依赖他人的毛病。

怀疑型人格的情感世界

信任在每种人格的感情世界中都占有重要的位置，但是在怀疑主义者的情感世界中表现得更为明显。不管是友谊还是其他亲密关系，怀疑主义者都会选择与一个能够信任的人在一起，他们觉得只有这样，才可以和对方一起联手对抗这个充满威胁的世界。

如果他们想要发展一段新的感情，通常会优先选择自己所认识的人，他们觉得这样做就可以不用通过种种试探来消除自己心中的疑虑，会更加容易获得彼此之间的信任。

怀疑主义者在情感世界中也非常渴求安全感，而安全感在很大程度上决定了他们在情感生活中的表现。他们在同别人交往的时候，会心存这样一个疑虑，那就是如果自己表现得过于亲近或依赖对方，会让自己在这段感情中处于不利的地位。

这时候，他们就需要对方给出一些承诺，打消心中的疑虑。当他们确认对方是可以信任的人之后，就能真诚地对待这段感情，而且这段感情也能维持较长的时间。他们在感情交流中会遵守承诺，履行责任，以此来获得对方的信任和支持。

对待感情专一而实际，这是怀疑主义者的优点，但是不要奢求他们在感情生活中带来太多的新鲜感，平淡无奇、缺乏浪漫是他们的一贯表现。怀疑主义者在情感世界中能够和对方一起面对外来的危险和挑战，因此他们更容易感到快乐和幸福。

他们会非常善于解决情感中的问题，尤其是在感情遇到障碍的时候，怀疑主义者一定会坚决对外，守护好自己的爱人，而不是相互推诿。除此之外，怀疑主义者在解决问题的过程中也会表现出为对方着想的一面。在有些时候，他们还会认为情感对象的成功和利益，要比他们本身的成功或者利益更加重要，他们也愿意在情感交流中奉献自己。

G 是一个不善于表达内心想法的人，但是他通常会用行动来证明自己对对方的关怀和爱护。有一次，G 的女朋友加班做一个项目策划，没有时间好好吃饭，G 就在休息时间为女朋友做好她想吃的东西，然后给女朋友送去。除此之外，G 还会为女朋友的策划案想一些好的点子，帮她收集一些资料。当他的女朋友成功完成策划案，并顺利地通过之后，G 表现得比他的女朋友还要开心，好像是他自己的事业取得了不错的成就一样。G 的这种表现让女朋友非常满意，也觉得很安心，不久之后两人就订婚了。

怀疑主义者具有很强的想象力和思考能力，这使他们在享受浪漫爱情的同时，心中也会产生某种疑虑。因为他们总是会预料一些负面的状况，害怕最初的甜蜜到最后会变成约束和伤害，所以他们便开始担心两人之间是否会出现裂痕、吵架之类的问题。

怀疑主义者这些无谓的担心，使他们会经常询问对方是否真的爱自己。然而此时他们所表现出的怀疑，在怀疑主义者自己眼中并不是不信任，也不代表他们想要摆脱这段感情。因为表达自己内心的疑虑，对于他们来说只是一种赢得信任、缓解自己焦虑和不安的方法而已。

然而，怀疑主义者并没有意识到，当他们把对方的作用不断夸大，让怀疑不断加深，时刻思考着要怎么处理最坏的情况时，非常容易把自己的情感推到“悬崖”边缘，最终使对方在这种紧张的氛围下选择离去。

在情感世界中，怀疑主义者更希望自己可以扮演一个奉献主义者的角色，希望通过自己温暖的关怀与坚定的支持来吸引对方。因为在他们内心深处是不愿意自己的欲望被他人唤醒的，这会让他们觉得自己存在短板，需要弥补。

因此他们在一段感情中，会选择一种方式来帮助对方实现目标，借此来稳固自己在这段关系中的地位。他们此时的讨好和付出，其实是为了让自己感到安全，而不再是因为“他 / 她快乐所以我也快乐”。

怀疑主义者在长期的情感交往中，需要获得大量信息来消除内心的疑虑，他们会从情感对象的行为中查找线索，想要知道行为表象下面是否隐藏了什么，以此得到不间断的肯定。此时的他们会把自己的感受投射到对方身上，他们觉得对方的表现不专一，其实更多的是因为他们自己患得患失。

这种不断加深的疑虑使他们变得非常焦虑、疲惫、敏感、害怕，当他们的妄想达到高峰的时候，就会从这段感情中逃离出来。

M是一个非常擅长表现自我的人，他可以为女朋友提供各种服务，对于对方提出的要求也会最大限度地满足，因为这样会让他觉得自己是有价值的，自己是被对方需要的。但是当他的女朋友表现出和他同样的行为时，他就会产生这样的疑虑："她为什么要这么做？是我做得不够好吗？还是她想要借此表达什么？"

于是M就会变得心神不宁，总觉得对方在隐藏什么。而M的这种猜忌被女朋友得知之后，两个人的关系就陷入了一种尴尬的境地。最后女朋友忍不住生气地问道："你为什么会这样怀疑我？难道我不值得信任吗？"

面对女朋友的质疑，他就把心中的担忧告诉了对方。这时女朋友才明白，M想要的其实就是一种肯定而已，自己以往开心地接受就是一种肯定，现在这种肯定没有了，才导致了M疑虑的产生。弄清了M心中所想之后，两个人之间的误解也就没有了。

怀疑型人格在职场上的表现

怀疑主义者在工作中能够表现出很强的分析能力，尤其是在面对困境的时候，他们更能全力以赴地解决问题。因为他们会竭尽全力保证自己所处的环境不会变得缺乏确定性，他们的努力更多的是想要维护自己所熟悉的安全结构。

怀疑型的员工经常会居安思危，他们会质疑现状，想要弄清每个人的立场；也会质疑未来，经常思考将来会发生什么事情。这使他们在一定程度上保持着远见，能够敏锐地预感到危险的到来。

怀疑主义者在工作中会习惯性地将身边的同事分成朋友和敌人两大类，中间派对于他们来说是不存在的。他们在做事之前一定会先弄清楚什么人是值得自己信任的，以此化解心中所存在的疑虑。一旦他们确认了周围的人和环境是值得信任的，就会热情地投入工作中，积极地承担责任，保质保量地完成任务，借此来证明自己的能力，好让周围的人更加接受自己，从而获得一种安全的人际关系和工作环境。

怀疑主义者在工作中非常喜欢清晰的指示，这会让他们觉得自己的行为有一个明确的目标，不用再去揣摩他人的心思。所以说明确的职责范围和奖惩制度会让他们感到心安，也会让其在工作中表现得更加积极。另外，如果在工作的过程中，他们所提出的想法或者建议得到了认可，他们就会表现出更高的积极性和创造性。

与之相反的是，如果他们的工作遭到了拒绝和否定，他们就会变得非常纠结，往往会把问题加以放大和延伸，从工作能力联想到其他各个方面，最后弄得自己无心于工作，而是全力思考“他到底是在否定我什么？”。

这时候，如果领导可以同他们进行真诚的谈话，明确地告诉他们问题出在了哪里，他们反倒可以做到“满血复活”，重新表现出尽职尽责的一面。而这也恰恰说明，怀疑主义者的安全感其实来自他们对信息的掌握程度，他们宁愿获得一些负面的信息，也不愿自己被蒙在鼓里。因为错误清楚了就可以改正，秘密则会有无数种猜想，会让他们觉得自己受到了愚弄和控制。

H 在工作中从来不怕领导直截了当的批评，因为这会让他快速、清楚地了解自己的问题出在哪里，然后及时采取相关的弥补措施。可是如果领导没有告诉他哪里出现了错误，而是让他自己领悟的话，他就会表现得非常焦虑，总是把各种情况都猜想一遍，从而把自己弄得头昏脑涨。

一次，H 因为晚上熬夜导致第二天早上上班迟到，又恰逢领导前来检查。领导为了顾及 H 在下属前的面子，就没有对其进行直接批评。当 H 赶到公司的时候，领导已经检查完离开了，因此 H 也就不知道发生了什么事。等到 H 去领导办公室汇报工作的时候，领导表现得非常冷淡，对 H 的工作没有做出任何评价，就让他离开了。

H 出来之后就开始思考自己哪里出现了问题，但是久久不能得出一个明确的答案，导致他一整天都没法静下心来工作。直到晚上下班的时候，H 才从同事口中得知发生了什么事情。于是，H 马上写了一份关于迟到原因的说明并做出检讨，交给上司，被上司当面批评了一顿之后，H 心中的石头才算落了地。

怀疑主义者在工作的过程中十分注重自己和同事之间的人际关系，因为他们内心的安全感与周围人的认可程度有着密切的联系。他们甚至会为了熟悉的人际关系而放弃一份高薪、稳定但环境陌生的工作。

他们希望自己和同事之间是平等、友好的，最好处于一种能够互相帮助和互相信任的环境中。而怀疑主义者的这种心态使他们无法在竞争激烈的工作环境中出色地发挥。如果怀疑主义者所工作的环境中出现了一个非常强势的同事，他们就会觉得对方破坏了平等的原则，于是他们就会表现出反抗强权的一面。

怀疑主义者如果在工作中是以领导的身份出现的话，他们通常是出色的危机处理者。在公司遇到困难的时候，他们会表现得更加坚定，注意力也会高度集中，因为他们所思考的问题已经出现在面前了，怀疑主义者此时要做的就是解决它们。

如果情况已经好转，顺利地渡过了危机，他们的兴趣和活力就会大大降低。因为怀疑主义者最在意的事情就是质疑和释疑，当他们找不到斗争对象的时候，行动就开始变得迟缓，又会开始思考自己的决策是否周全。

怀疑型的领导者在解决完问题之后，需要获得直接、真诚的反馈意见，而不是那些积极的信息。因为他们关注的是那些给他们带来麻烦的问题，打消他们疑虑的最好办法就是告诉他们问题所在。

F在一家传媒公司已经工作了八年，做到了策划总监这个职位。在月初的时候，F所在的这家公司与另外一家实力强劲的公司争夺一个大客户，为此F带领团队加班加点地工作，终于做出了一份让对方满意的企划，最终帮助公司拿下了这个大客户。

随后猎头公司看中了F出色的工作能力，想要把F挖走，并提供了一份要优于他现在工作很多倍的薪酬。但是F却拒绝了猎头公司的邀请，因为他觉得自己已经适应了现在的团队和工作环境，到了一个新的环境中，自己不一定能得到很好的发挥，跳槽存在太多风险。

除此之外，F觉得现在的老板非常看重自己的能力，对自己也非常不错，没有必要为所谓的高薪坏了自己的名声。

怎样与怀疑型人格更好地相处

在现实生活中，怀疑主义者的矛盾心理会成为别人与他们交往的最大障碍。尤其是处在逆境中的时候，他们内心的焦虑、敏感、多疑、不安等负面情绪就会表现得淋漓尽致。这就要求人们在与其进行交往的时候，一定要注意自己的方法和态度，这样才能使双方的交流顺利地进行。

怀疑主义者内心多疑的特性，使他们的大脑经常处在一种对他人行为或者未来状况的猜测当中。他们的注意力更容易集中在问题上，而不是其他正面信息上。有时候他们非常顺利地完成了一项工作，非但不会开心，心中还会存有这样的疑虑："事情真的就这么简单吗？"

这就提醒人们在同他们进行交流的时候，要明确地表明自己的态度和目标，疏导他们的情绪，消除双方之间的不确定因素，进而使双方的注意力都能集中在需要解决的问题上面。

此外，还要最大限度地表现出自己的诚信，对于自己做出的承诺也要及时地兑现。如果出现一次言而无信的状况，就会让怀疑主义者对你今后的行为不断地产生怀疑。所以在同他们交流的过程中，可以主动地询问对方，自己是否有做得不到位的地方，或者有什么做得不对的地方，这样就可以有效地避免某些问题的出现。

怀疑主义者在做事之前，喜欢进行一番周密的思考，以防自己在做的过程中遇到一些预料之外的情况，耽误自己的进程。这种习惯使得他们在做事的时候会表现出犹豫不决的一面，这个时候就需要我们有足够的耐心，对他们的节奏给予应有的尊重，而不是一味地催促怀疑主义者。

除此之外，怀疑主义者也非常容易被那些具有吸引力、愿意带头的人所影响，因为他们会觉得成为一个追随者要远比充当一个带头者安全得多。这也提醒人们，想要获得怀疑主义者的注意和认可，就要在交往的过程中多证明一下自己的价值，用自己的热情和真诚去感染他们。

M 是一个特别善于同别人交往的人，不管对方多么难搞，M 都能找到一种适合对方的交谈方式，并顺利地完成任务。一次，M 所在的公司需要拓展新的用户，很快就把目标锁定在一个有潜力的客户身上，但是很多人在同其交流的时候都无法成功地搞定对方，于是这个重担就落在了 M 身上。

M 认真研究了同事前去交涉的几次经历，很快就想好了应对策略，最后 M 不负众望，成功地拿下了这个客户。同事都非常好奇他是怎么说服对方的，于是就前来请教。

M 解释道："从前几次的洽谈经历中可以看出，对方是一个疑心很重的人，想要成功地说服对方，就需要拿出一些诚意来。这里的诚意不是指那些虚幻的未来蓝图，而是能消除对方疑虑的信息。我在同他谈话之前，首先给他看我们的企划目标，随后又将我们所遇到的风险和困难告诉他，整个过程都没有提利益分配的事情。因为你只要把对方想要的信息提供完整了，其中的利弊对方自然会进行考虑。太多的空头支票反而会让对方觉得你华而不实，对你心生疑虑。”众人听完M的解释之后，纷纷露出了敬佩的神色。

怀疑主义者在生活中会不断地给自己制造压力，让自己处在各种各样的怀疑之中。他们为了消除内心的焦虑，通常会向身边的权威或者值得信任的人征询意见。然而此时他们心中其实已经有了想法，真正需要的是肯定和支持，如果我们能提出一些言之有理的观点，肯定他们的想法，会让他们更加安心。

因为怀疑主义者的安全感来源于他人的引导和帮助，所以在同他们相处的时候，一定不要吝啬自己的鼓励和肯定，更要学会用“挑刺”来消除他们心中的疑虑。

一般情况下，怀疑主义者同别人建立一种人际关系是非常困难的，因为他们总是心存疑虑，并且特别在意别人的想法，希望从对方那里获得自己想要的安全感和帮助。因此，当怀疑主义者向你请求帮助的时候，一定不要急于拒绝，否则会非常容易伤害对方的自尊心。因此，就算自己帮不到他们，也要尽可能地将原因直接说出来。

但是，这并不意味着他们喜欢别人用“肯定”“一定”等语气笃定的词语来给他们鼓励。因为在怀疑主义者的心中没有什么事情是一定的，当你用“一定可以、肯定行”此类的话语来回应他们的时候，他们会觉得这是一种敷衍的说辞，会让他们非常反感。

在现实生活中，怀疑主义者希望可以通过一种安全、稳定、团结的方法来解决问题，因此他们非常讨厌竞争，畏惧冲突。但是怀疑主义者内心的多疑和恐惧，会让他们在逆境中有截然相反的两种表现，那就是顺从和抗拒，而且他们心中的愤怒一旦被激发，就会反应过度，表现出远超常人的破坏力。

这就提醒人们在同怀疑主义者交往的时候，要能够在其焦虑的时候给予适当的引导和化解，让他们恢复信心，而不是让其在压抑之后来一次彻底的大爆发。

J 在生活和工作中都不是一个特别自信的人，他习惯在做决定的时候向周围的朋友征询意见，但并不是所有的意见都能让他变得自信。

一次，J 根据自己对市场的调查做了一份研究报告，但是在上交之前，J 非常担心自己的报告会存在一些问题，从而引发上司的不满。于是他就先让朋友 L 看了一遍，L 看完之后提了好几条建议，J 把这些建议记下来之后满意地离开了。

此时，L 旁边的一个人问道：“他的研究报告中真的有这么多问题吗？”L 回答道：“他的工作报告我非常满意，但我要是说没问题的话，他就会无休止地纠缠下去，完美对于他来说是不存在的，只有问题才能让他放心。”

怀疑型人格的自我心理调适

怀疑主义者内心挥之不去的质疑、矛盾，使得他们面临发展的局限性。如果怀疑主义者想要在日常的交际中展现出一个更好的自己，就需要他们进行一系列心理调适，使他们能够清楚地认识到，信任自己和别人都是一件非常自然的事情，生活中没有必要存在那么多猜忌，也不要总把别人看作是没有能力的平庸之辈。

除此之外，要发挥自己的想象力去设想和表达正面结果，而不是通过想象去制造一些不会出现的问题，不要把自己面对的困境放大，使自己变得焦虑不安。

怀疑主义者在行动的过程中会出现拖延，因为他们总是习惯在做事之前进行一番周密的思考，想要把所有可能出现的问题都扼杀在萌芽中。正常的焦虑和担忧可以成为怀疑主义者一种可贵的品质，使他们能够做到未雨绸缪、居安思危。但是一旦这种焦虑和质疑被不加节制地放大后，他们的注意力就会从问题本身转移到问题的可能性上，把大部分时间都用在猜测上，而不去行动。

这就要求怀疑主义者能够及时地安抚心中的焦虑，疏导自己的情绪，以防猜疑在心中不断地积压，最后变成一种自己不能控制的过激反应。

怀疑主义者内心的怀疑情绪，实质上来源于他们主观上的畏惧感。他们害怕自己的表现不够优秀，得不到同事或者上司的认可，进而受到冷落；他们也会害怕自己表现得锋芒毕露，引起周围人反感，进而遭到孤立。

所以，他们总是小心翼翼地工作，每做一个决定都希望得到身边人的帮助或者认可，因为这样他们就觉得不再是孤军奋战。怀疑主义者的怀疑特质，造就了他们对身边人的依赖心理；他们对于安全感的过度需求反而加剧了他们内心的不安，阻碍了他们的进一步发展。这就要提醒怀疑主义者，真正的安全感来源于内心的力量，而不是通过否定自己，让外界的声音来判断自己的选择是对还是错，要学会相信自己，肯定自己。

有些时候，怀疑主义者会无法分辨哪些畏惧是因为自己的想象，哪些畏惧是有事实依据的。这些恐惧会不断地加剧他们内心的焦虑，进而使他们无法对现实状况做出清晰、准确的判断。这时候他们要做的是一步一步地接近自己的目标，而不是停滞不前、漫无目的地怀疑，更不是采取某种过激的行动来掩饰自己的内心。

怀疑主义者应该学会通过现实来逐渐消除自己的畏惧感，把心中的担忧告诉一个值得信赖的朋友，通过对方的反应来判断自己的想法和怀疑是否客观，使自己快速地从怀疑的旋涡中走出来。

H 是一个心事很重的人，总觉得未来一不小心就会超出自己的掌控，因此他在做事的时候总是思前想后，以确保自己的选择和决策不会出现什么漏洞。这样做，在某种程度上确保了他工作的准确性和目的性，但也使他内心的猜忌不断地膨胀，最后他只相信自己的能力，对于别人的表现和能力总是提出不同的质疑。

一次，H 生病不得不请假住院，而公司为了保证工作的顺利进行，就把他手中的工作交给了 M 来处理。当 H 听说了这个决定之后，内心变得非常焦虑，因为他总是觉得除了自己没人能做好手中的工作。等到 H 的病情好转之后，并没有好好地休息一下，而是在第一时间赶到了公司。当 H 从上司那里得知 M 很好地完成了自己剩余的工作之后，内心并没有感到轻松，而是回到办公室把 M 所做的工作认真地研究了一遍，这才打消了心中的怀疑。

怀疑主义者在人际交往过程中，总是习惯性地和他人划清界限，对身边的人进行“敌我”划分，然后对敌对的人表现出抗拒的一面，尤其是在对方表现得比较强势的时候。

怀疑主义者在有些时候会表现出对控制和保护的过分追求，希望把别人纳入自己所认为的安全结构当中。当别人不愿进入他们所构建的系统中时，他们就会表现出敌意和猜忌。这时候就要提醒他们，任何人无论在哪种环境下，都不能要求别人的表现和自己是一致的，因为每个人都有自己的选择和认知，要学会正确地表达心中的关怀和尊重。

权威在怀疑主义者的生活中是一个非常重要的存在，因为他们总是习惯性地征询权威的意见，权威的认可和赞赏在某种程度上就是他们内心想要的安全感。他们为了获得权威的认可，不仅在工作中尽职尽责，还会过多地承担责任，也愿意做出一些牺牲，有些时候他们甚至会给人一种讨好的感觉。

然而，当他们一系列的付出得不到想要的回报时，他们就会表现出一种强硬的反抗，使得现实状况变得失控。这就需要提醒怀疑主义者，不要让外界的声音成为唯一的评判标准，真正的权威应该是自己，要学会公正、客观地评价自我，这样才能让自己得到更好的发展。

怀疑主义者的神经时刻都处在一种紧绷的状态中，停止思考对于他们来说就像生活失去了方向。他们会不断地通过思考和怀疑来减轻心中的恐惧和疑虑，出现新情况的时候，就会开始新一轮的怀疑和思考。

这种越来越频繁的自我怀疑，非常容易使他们把对自身的怀疑转移到别人身上，认为别人简单的言谈举止包含着深意，很有可能就是在质疑自己的能力。这种无休止的怀疑和思考不仅会让他们言语过激，更会让他们变得妄自尊大，暴躁不已。这时候就需要怀疑主义者学会自控，学会简单明了地表达自己心中的疑惑，通过交流和沟通来消除心中存在的疑惑，而不是用猜疑来加深彼此之间的误解。

K 是一个习惯凭借感觉做事的人，但是他通常不会通过语言交流来证明自己的猜测，而是在脑海里无休止地思考对方为什么会这样做，把自己的感觉当成一种既定的事实。

一次，K 路过办公室的时候，遇到了从办公室里走出来的 J，

J 并没有像平常一样跟 K 打招呼，只是看了他一眼后就躲到了一旁。K 回到座位上之后，就开始思考 J 为什么会躲避自己，难道他在办公室说自己坏话了？下午开会的时候，主管对业绩下滑的人提出了批评，其中就有 K。

此时 K 立马想起了 J 对自己的态度，然后就把业绩下滑的事实抛开，开始一味地思考自己是不是哪里得罪了 J。他苦苦思索却得不到答案，也没有去询问 J，而是在交往中刻意地同 J 保持距离，把 J 归到“敌人”的行列当中。后来等到 J 辞职的时候，K 才把心中的猜疑说了出来，J 听完之后笑着回答道：“我当时只是以为你听到了上司对我的批评，我有点不好意思而已。”

怀疑型人格与其他人格的碰撞

怀疑型人格与完美型人格经常被认为是同一种人格类型，因为具有这两种人格的人在待人接物方面有很多相似的地方。他们在处事的过程中都会表现出质疑、警惕和焦虑等特点，在做事之前也都习惯做好充足的准备工作，从而做到无懈可击。

当他们心中产生疑惑的时候，也都喜欢刨根问底。但是这两类人质疑的目的其实是不同的：怀疑主义者的质疑是为了找出哪里出现了问题以及事态发展可能出现的糟糕局面，他们的最终目的是为了获得内心的安全感和确定感；完美主义者的疑惑是试图解决错误，避免他人的批评，维护他们自身的完美形象。因此当他们在交际的过程中都表现出了怀疑的时候，他们之间的相处就会非常容易产生各种问题。

完美主义者和怀疑主义者在工作中都会尽职尽责，他们都期望通过自己的努力获得他人的认可。但是这两类人在工作中并不能做到完全的契合，完美主义者会表现出对规则的遵守，对于工作中的阶层分层也会表现出自己的认可，并能顺利地适应。怀疑主义者则不同，他们对规则总是报以怀疑的态度，尤其是当他们面对完美型的领导时，他们更加容易表现出自己的抵抗心理，甚至还会鼓动身边的人一起反抗强权。因此怀疑主义者对于强势的领导者，要么俯首称臣，要么选择揭竿而起，而他们反抗的对象往往是那些只会关注问题，不会赞赏下属的完美型领导者。

完美主义者和怀疑主义者会因为共同的理想和付出而在情感上保持良好的关系。除此之外，他们在逆境中也会表现出相似的价值观，会为了一个共同的目标选择一起奋斗，使得双方的感情得到升温。但是这种和谐的局面非常容易被对方的猜忌所打破。

怀疑主义者和完美主义者都可以被称作负面思维者，他们都会在不同程度上延迟自己的行动，完美主义者会表现出对错误的敏感，怀疑主义者则会展现出对成功的疑惑。当延迟出现的时候，他们就会忍不住去揣测对方的想法，最终使得双方的关系变得微妙起来。

F 和 G 在同一个办公室工作，当他们的工作没有冲突和交集的时候，双方都能做到和谐地相处，一旦两人共同处理一件事情的时候，两人之间的关系就会非常容易受到干扰。

在公司年度庆典前夕，F 和 G 一起负责做一个店庆策划。接到这个通知后，两个人都眉头紧皱。F 想出了一个策划思路，但是 G 却觉得这个策划太简单了，不应该这么草率地决定；而 F 则针对 G 提出的思路百般地寻找漏洞。这样重复了几次之后，F 认为 G 是在有意和自己对抗，G 则认为 F 是故意刁难，但两人都不愿把自己心中的疑虑真实地表达出来，使得双方的合作到了崩溃的边缘，最后还是通过主管的强势介入，才让他们两人勉强拿出了一个都能接受的方案。但是自此之后，F 和 G 再也没有合作过。

实干型人格是怀疑型人格在压力状态下的一种表现，怀疑型人格则是实干型人格的安全类型。因此这两类人都会表现出卖力工作、深思熟虑的一面。不同的是，实干主义者在安全状态下并没有那么大顾虑，他们为了完成工作可以做到相信别人，并能够展现出自己积极的一面。而怀疑主义者在压力状态下，内心的忧虑则会加深，他们在工作中会表现出拖延的一面，因为他们需要消除自己心中的疑虑后才会开始行动。除此之外，实干主义者会因为别人的赞同和认可感到高兴，他们十分享受成功带来的喜悦感。怀疑主义者则恰好相反，他们在逆境中会表现出自己的韧劲，但是在成功就要到来的时候则会产生怀疑，他们总是习惯把问题复杂化，对轻而易举的成功无法做到坦然接受。

观察者同怀疑主义者之间也存在着不同程度的差异，观察者通常会忽视或者压抑自己内心的感受，直接干脆地表达自己内心的想法，他们关注的点在自身。而怀疑主义者在表达的过程中则喜欢求证，借此来减轻自己心中的疑惑，也习惯把自己放在团队当中，期望自己的付出能够得到团队的认可。他们对周围的事物也会做出热情的反应，甚至会夸大自己遇到危险时的恐惧，以便能够引起周围人的关注和保护。

N 是一个喜欢在做事的过程中不断求证的人，他通常希望别人能够提供一些信息和建议来完善自己的想法。对于他来说，别人的建议是生活中不能缺少的一部分，就算是再简单的事情，他也希望能够在别人的建议下完成。N 总觉得别人能够发现自己看不到的错误，而这个错误应该在做决定之前发现并解决。

一次，上司临时让 N 写一份工作报告，由于时间紧，他只好硬着头皮写了一份。报告上交之后，N 还是忍不住地想报告的内容、格式、语气有没有出现错误。过了两天，上司还没有找他谈话，N 就忍不住询问上司，报告是否顺利地通过。上司云淡风轻地说了一句："报告写得没问题啊！"但是这句话并没有打消 N 的疑虑，他反而因为上司面无表情的回应，陷入了新一轮自我怀疑中。

Part8

享乐型人格：人生得意须尽欢

新意和激情是支撑起他们愉悦心情的两大基石，他们希望可以富有创造性地度过每一天，因此他们能够快速地接受新的创意、环境和人群；在事情的初始阶段能够积极地调动周围的气氛，让大家对未来充满美好的憧憬。

享乐型人格的特征

享乐主义者在现实生活中通常给人以快乐天使的印象，即使深陷困境，他们仍然可以保持乐观的态度。对于他们来说，所有行为的最终目的就是过得快乐。他们会把自己的注意力集中在对美好未来的规划上面，会选择将烦恼和忧愁抛之脑后。

这种处事态度使他们内心非常向往自由，讨厌一切形式的束缚，所以不要期望快乐的他们会做出某种承诺。除此之外，他们还会以快乐的精神参与一切活动，把所有的事情都看成快乐的事或者是能够带来快乐的事。当他们深陷不愉快的状况中时，他们则会选择逃离到愉悦的幻想中。

享乐主义者在做事的过程中，需要保持高度的兴奋，才能确保自己的工作效率不会降低。这就使他们能够高效地做好那些对时间要求较紧的工作；然而在面对需要耐心、性质单调乏味的工作时，他们就会觉得非常难受。因为新意和激情是支撑起他们愉悦心情的两大基石，他们希望可以富有创造性地度过每一天，因此他们能够快速地接受新的创意、环境和人群；在事情的初始阶段能够积极地调动周围的气氛，让大家对未来充满美好的憧憬。

然而，享乐主义者虽然喜欢新奇，却非常害怕危险，他们在日常的交际中也会避免与他人发生直接的冲突，因为冲突会干扰他们的愉悦心境。他们一旦有过不愉快的经历，之后就会对此类事物保持一定的安全距离。

享乐主义者在现实生活中是非常惹人注目的，因为他们拥有吸引他人的才艺，而且他们还会主动地把原本枯燥的生活调剂得多姿多彩。他们不仅享受着自己所发现的、原本就存在的快乐，还会不断地制造新的快乐。而他们对未来乐观的态度能够很好地鼓励他人，使对方接受他们的积极暗示，成功地渡过工作或情感上的危机。

G 在生活中是一个特别会调动气氛的人，他所出现的地方经常会充满欢声笑语。他在生活中遵循着这样一句话："快乐是一天，不快乐也是一天，为什么不快乐地度过一天呢？"一次，G 所在的工作团队遇到了一个非常大的难题，当所有人都愁眉不展、想要放弃的时候，G 则积极地对身边的同事进行鼓励，使大家打起精神，成功地解决了那个难题。事后在召开表彰大会的时候，领导第一个表扬的人就是 G，认为正是 G 乐观的态度，才使大家相信能够解决这个难题，进而才愿意坚持下去。

在现实生活中，每个人都或多或少需要一定的自恋心理，来维持自己的幸福感。但是，如果我们过于沉迷其中，就会给生活带来很大的困扰，甚至使自己对那些正确的建议视而不见。

享乐主义者就是这样一类人，他们坚信自己是出类拔萃的，在生活中也更愿意将注意力放在那些能给自己带来愉悦的事物上面，享乐主义者喜欢这种积极乐观的情绪。但是，如果他们对于乐观的追求不加控制，不能正确地对待自恋这种心理，久而久之就会让他们的价值观中阴暗的一面发展膨胀，让自恋发展成自我欺骗，进而不能客观地面对现实。

除此之外，过度自恋会让他们只关注自己的安排和快乐，对于他人则表现得有点漠不关心，这使得他们在人际交往的过程中非常容易被别人误解。

此外，享乐主义者总是渴望探索一些新的领域，做一些他人没有做过的事情。生活对于他们来说就是要进行不同的尝试，长时间地做一件事会让他们觉得自己的时间和空间受到了侵占，这是他们所不愿意接受的。所以，他们在生活中会让自己拥有多种选择，为自己安排一系列后备计划，并把这种做法当作自己避免对单一任务做出承诺的工具。然而，他们这样做的结果往往是因为准备了太多的计划，使得他们无法专心地投入其中任何一个计划当中。

除此之外，享乐主义者还是一种对变化情有独钟的人，因为变化能够不断地满足他们对感官刺激的需求。不过这也使得他们无法做到定性，还会经常因为自己的欲求太多，招致一些不必要的麻烦。

其实，享乐主义者并不是不知道自己不可能一直快乐，也知道喜怒哀乐都是很正常的情感现象，但是他们忍受痛苦的能力几乎是没有的，他们习惯用丰富和高亢的情绪来掩饰自己的失落。这样他们会非常容易对现实产生一种逃避的心理，将注意力放在自己愿意看见的事情上面，哪怕他看到的并不是真实的。

F是一个喜欢做多手准备的人，他在做决定之前总是习惯性地多制订几个计划，希望可以做到广撒网多捞鱼。但是他的这种想法在现实生活中却经常碰壁，因为退路的存在使得F总是不能做到全力以赴。

一次，F针对公司的计划和自己的想法制定了多个实施方案。这本来是一件好事，但是F并没有因此受到表扬，也没有把工作做得更好。因为每当一个方案在执行过程中遇到了困难，F就会选择放弃转而实施另外一套方案，最终使他对每套方案都是浅尝辄止，根本做不到深入地执行，更不要说用这些方案来解决实际问题了。等到最后目标时间所剩无几时，F只好随便选择一套方案应付了事，白白浪费了自己的时间和精力。

享乐型人格在不同阶段的表现

享乐型人格在现实生活中被分为三种状态，分别是健康状态、一般状态和不健康状态。每种状态在发展过程中都会表现出不同特点：健康状态下，享乐主义者可以发展成入迷的鉴赏家、热情洋溢的乐天派、多才多艺的全才；一般状态下，享乐主义者可以成为一个经验丰富的鉴赏家、过度活跃的外向型以及过度追求愉悦的享乐主义者；不健康状态下，享乐主义者则容易成为一个冲动的逃避现实者，甚至还会产生某种疯狂的强迫行为。

享乐主义者在最佳状态下，有足够的信心来面对生活中所有的真实状况，他们对生活的坚定信仰，就是他们最大的快乐源泉。他们不会因生命本身的脆弱而感到焦虑，而是能够真正地赞赏生命本身所呈现出来的面貌。他们能够从生活的点点滴滴中汲取营养和快乐，而不是通过幻想或者逃避来保持自己兴奋的状态。

此时的他们怀着感恩的心，把生活中遇到的每件事情都当作是一件礼物，而不是当成一种为满足他们需要而存在的东西，而且他们也不会给快乐添加许多附加条件。

然而健康状态下的享乐主义者，也并非总是处在一种心理高度平衡的状态。事实上，他们也会出现不同程度的焦虑，也会担心自己的需求无法满足。虽然此时他们仍然表现得非常积极、精力很旺盛，也会展现出热情洋溢的一面，但是他们的内心总是在期待着下一件事，还没有“消化”当下的经历、经验，就开始预期未来。

此时，他们注意的焦点是外部世界，他们的兴奋、激情、愉悦也大多来自外部的感官刺激。他们想让自己的内心保持一种快乐和兴奋的状态。

当享乐主义者开始担心自己的快乐和兴奋会消失的时候，他们对生活就慢慢地报以一种实用主义的态度，然后会努力让自己变得多才多艺，进而来保证自己的自由，让自己拥有可以获得快乐的经验或能力。

此时的他们会展现出强大的生命力和高涨的生活热情，尽情地释放自己的创造力，让自己变得更有价值，然后再表现出自己兴趣广泛、潜力无穷的特质。

H是一个十分讨厌生活一成不变的人，他觉得机械性的重复对于自己来说就是一种煎熬。他会努力地让生活充满变化，不断地用一些新的东西来补充自己，或是让注意力投入一个新的领域当中。这就使他的生活总是充满新鲜感和激情，而他也成了朋友眼中最新潮的人，如果谁有什么新生事物不太熟悉，都可以向H寻求帮助。而H也非常乐意对别人施以援手，别人的欣羡总是会让他觉得非常享受。

健康状态下的享乐主义者会对生产和创造更加关注，一般状态下的享乐主义者则表现出了对消费和娱乐的兴趣。一般状态下的享乐主义者，经常会担心自己如果只是将注意力集中在一两件事情上面，就可能让自己错过更多感受快乐的机会，所以他们会不断地把注意力分散，然后再去进行尝试。

在这种状态下，享乐主义者觉得自己只有经历得更多，拥有得更多，才能获得更多的快乐。此时，他们的内心是焦虑的，他们总是在不断地做着一件又一件事情，让自己快速地从一个领域转入另一个领域。但是享乐主义者却无法用足够的时间让自己专注于一个领域，并真正地去掌握它。他们就像摘水果的猴子一样，摘一个水果扔一个水果，最后内心只剩下了焦虑。

享乐主义者做得越多，对自身经验活动的种类和品质就越没有判断力，但是他们又会因为害怕无所事事而产生更大的焦虑。此时的他们会不停地让自己参加各种活动，以维持种种感官刺激以及对自我的感知，从而获取新鲜的经验。

他们的生活节奏会变得非常快，以致享乐主义者对思考自己的行为或停下来反省没有丝毫的兴趣。在这种状态下，享乐已经成为他们活动的基本指导原则，一旦他们觉得做这件事没有快感，就会立刻转移到另外一件事情上面。

等到享乐主义者对经验的消化吸收能力也丧失之后，他们就会失去自己的主观认知，不再思考自己做这件事的意义，而是追求做了就开心的心理。此时他们内心的忧伤和恐惧也会日益加剧。享乐主义者开始因挫折而变得焦虑，想要获得更多的东西。

拥有大量的财富成为他们快乐的重要标志，他们认为只要有了钱，就可以买到自己想要的一切东西，包括快乐。享乐主义者的生活开始因为过度地追求享乐而变得放纵、铺张，最终成为贪婪的消费者。

当享乐主义者开始注意到他们所从事的活动并不会给自己带来太多的快乐时，他们内心就会产生一种逃避的情绪，会否认现实状况，活在自己幻想出来的愉悦经历中，他们就会进入一种不健康的状态中。此时的享乐主义者对于任何能够让自己快乐的事情都不抗拒，开始沉湎酒色，纵情享乐，变得无法集中注意力，不能和外界进行真正有意义的接触。

N是一个典型的享乐主义者，他总是把生活弄得非常忙碌，总是在不停的奋斗中追寻能让自己愉悦的经验。一旦他的行为变得停滞或者迟缓，他就会产生一种自责的情绪，觉得自己可能已经浪费了体验快乐的机会。由于他总是在追求新的尝试，想通过尝试给自己带来愉悦的体验，因此他在做事的时候很难一心一意，总在想着另外一件事。

这种表现使得N很难更深层次地进行自己当下所做的事情，以致他慢慢地失去了消化吸收当下经验的能力。这让他的内心变得更加焦虑和暴躁。最后，N开始追求简单、直接、暴力的感官体验，借此来逃避自己在现实生活中遇到的困境。

享乐型人格的情感世界

享乐主义者会通过与他人分享美好的事物，来建立自己想要的情感关系。他们也愿意运用各种方法来保持双方的亲密关系，前提是他们觉得双方的关系有着无限的可能，他们会因此表现得非常兴奋和满足。

享乐主义者喜欢去尝试所有的美好情感，渴望自己的情感世界充满刺激和激情，但是他们不会为了一棵树木而放弃一片森林。他们在现实生活中的真实反应是，身体待在一片森林中，而眼睛却已经迫不及待地转向了另外一片森林。所以不要期待他们可以完全地投入到一段感情当中，他们不仅会对情感中的重复现象感到枯燥乏味，也会非常在意承诺带来的束缚感。

享乐主义者会为了保持自己的生活兴趣而不断尝试新的事物，追求各种不同的新鲜感，然后把自己的每一种想法都实行一遍。所以一般情况下，他们不会有专注于一段感情的想法。

享乐主义者对待感情十分乐观，他们选择开始一段感情是因为他们感受到了快乐，或者他们认为这段感情能够给自己带来快乐。他们会通过与他人一起共事、讨论一些自己感兴趣的话题，测试自己是否要与对方建立感情联系。

其实这种方式是极具冒险性的，因为这样的交流往往会让他们把注意力放在自己想要的那一方面上，进而忽略了生活中平淡无奇的一面。当问题出现的时候，享乐主义者会选择让自己不停地忙碌起来，使得双方没有时间去讨论和解决遇到的问题，这也是他们的感情不能长久维系的原因之一。

K 在生活中是一个公认的“花心男”，他身边的女朋友总是在不停地更换，每段恋情基本上都维持不了太长的时间。刚开始的时候，K 身边的人还不同程度地表现出对他的羡慕，但是到了最后就只剩下鄙视。

后来，K 身边的一个朋友实在看不下去了，就问道：“你这样马不停蹄地更换女朋友，有意思吗？”K 回答道：“我没有觉得这样有什么不好的啊！每种类型不都尝试一下，怎么能确定我身边的这一个就是最好的选择？或许下一个人会更适合我呢。”朋友听完之后，虽然感到非常无语，但是却不知道该怎么去劝说 K。后来 K 身边的朋友都结婚了，他仍然是独自一人，而且还在不断地寻找中。

享乐主义者在交往的过程中，希望可以从对方身上映照出自己高大的形象，当同伴对自己非常崇拜时，他们内心就会感到非常满足。一旦对方对其表示了质疑，或者让他们觉得自己的能力赶不上对方时，享乐主义者就会做出一副对对方毫不在乎的样子。除此之外，享乐主义者也无法接受对方的责备和情感中的冲突，因为这些状况会让他们的内心产生一种挫败感，无法享受愉悦情境。

享乐主义者凭借自己天生乐观的特质，非常容易让对方的坏情绪快速地消散，重新振作起来，因为他们无论遇到何种情况，总是能找到快乐的理由。这一点会让他们拥有不错的人缘，使自己变得快乐起来。

享乐主义者在情感世界中，也会展现出其不愿面对负面情感的一面。他们总是习惯用快乐的情绪来替代负面的感觉，把注意力转移到能够给自己带来快乐，能够让自己继续前行的方面上。

如果此时他们的同伴无法从痛苦中解脱出来，他们就会认为自己的乐观情绪受到了限制。这时他们会为了回避同伴的消极情绪，选择将自己抽离出来，进而造成双方情感上的疏离。

享乐主义者在其情感世界中的选择是充满变数的，他们在行动之前通常会设计好几套方案，随时都在进行调整。如果一种方案出现了失误，或者他们对此感到了厌倦，就会马上让自己投入下一项活动当中，而他们调整后的方向就是能够给他们带来快乐的方向。在这个过程中，他们选择之后有没有去做，或者做了之后有没有得到预想的效果都不重要，他们只要能够从选择的可能性中体验快感就足够了。

生活对于他们来说，最大的苦恼就是选择受到了限制，或者是能够非常清晰地预测自己行为的结果，他们会因此觉得非常无趣，变得闷闷不乐。因为他们觉得生活最大的乐趣和刺激，就是有无限的可能可以去尝试，而自己的选择又不会受到限制。

享乐主义者不仅不喜欢身边的人不快乐，也不喜欢这个世界表现出悲观的情绪，他们觉得世界上所有不快乐的事情，都是庸人自扰。他们在情感世界中更多的是强调当下的享乐，或者是去做一些能让自己兴奋起来的事情，而不是沉浸在往日的忧伤中，而且他们也不会被未来的恐惧所笼罩。

L 是一个天生的乐天派，在生活中基本上看不到她难过或不高兴。她每天不是兴致勃勃地做着一件事情，就是积极地尝试一些新鲜的事物。当她看到身边的人眉头紧皱、闷闷不乐的时候，她总是会用自己的一套理论去安慰对方，然后把对方也拉入快乐的阵营当中。

L 做事的原则就是快乐至上，所有影响自己心情愉悦的事物统统都要靠边站，如果当下的事情阻碍了她追寻快乐的脚步，她就会毫不犹豫地将注意力转移到别的事情上面。例如，L 更换工作最直接的原因不是因为工作太累、薪酬太低，而是她对这份工作失去了新鲜感。L 会觉得重复性的劳动夺去了自己因工作获得愉悦经历的可能，这是她所不能接受的。

享乐型人格在工作中的表现

享乐主义者是对工作环境要求比较高的一类人，他们不喜欢被条条框框所约束，喜欢权力平衡，因为这样他们就不用听从别人的指挥，可以最大限度地享受自己所追求的自由和舒适。所以在现实生活中，越是自由化程度高的工作，他们越能出色地发挥，如果工作与他们的兴趣相符合，他们就非常容易做出一番成绩。

除此之外，享乐主义者在工作中还是那种喜欢不走寻常路的人，就算他们的想法在别人眼中是不切实际的，他们仍然会坚持采用自己的方法，不愿屈从于现实的常规。在他们看来，想法和理论要比实际执行重要得多，他们所追寻更多的是拥有选择带来的愉悦。

享乐主义者在工作中能够快速地融入一个新的环境，开始一份新的工作，他们是学习的能手和快手。生活和工作中的新鲜感会让他们兴奋，使其迸发出昂扬的斗志。所以，每当开始一份新工作的时候，他们总是能表现出超乎常人的热情。但是，一旦这个工作或者项目要持续很长时间，而在工作的过程中又不会持续出现令他们感兴趣的事物时，他们的注意力就会转移。享乐主义者在工作中很难做到善始善终，除非是一些简短的工作。

享乐主义者喜欢节奏较快，能够让他们有多种行动可能的工作，按部就班、死气沉沉的工作环境会让他们觉得枯燥乏味，进而会让他们产生逃离的冲动。对于享乐主义者来说，工作的过程要比结果重要得多，他们喜欢领导在布置任务的时候，只给出一些概括的安排，具体的细节可以让自己在实践中研究并决定，因为他们大部分的快乐来源于每一个想法所代表的一种可能。

在工作的过程中，享乐主义者并不在乎领导做了什么、说了什么，比起领导的关注和认可，他们更在乎同事的认可。在必要的时候，他们会选择站在权威的立场上，推翻原有的规则，重建一套规则来逃避约束。但是他们通常不会选择用直接对抗的方式来证明自己的准确性和可靠性，他们会通过寻找原有规则的漏洞，来证明自己，树立自己的威信。

K 毕业之后，通过重重面试，成功地来到一家众人欣羡的单位上班。在上班之初，K 觉得周围的一切都很新奇，认为这份工作对自己有很大的吸引力，自己做出了一个正确的选择。为此，K 每天都非常积极地工作，觉得生活对于自己有太多未知的可能。

但是过了半年之后，K 觉得工作遭遇了“瓶颈”，每天都重复着同样的事情，周围的环境也不再像最初那样充满了新鲜的挑战，从自己这一秒的行为，就可以准确地推断出下一秒的成果。

于是 K 做了一个大多数人都难以理解的决定，他辞掉了高薪工作，开始一种新的生活。因为 K 觉得生活就是应该多尝试、多经历，这样才能体会到更多的快乐。一成不变的生活，只会让自己忘了快乐是什么。

享乐主义者基本上是工作团队中最受欢迎的人，他们非常乐意同他人合作，有他们在的地方总是充满欢声笑语。他们在工作中会充分发挥自己乐观的特质，让周围的同事从负面情绪中走出来，并认识到自己的潜力，然后积极地应对工作中出现的问题。

他们总是有能力把原本平淡无奇的工作做得有声有色，用积极乐观的情绪来消除负面因素的影响，带领大家看到工作中美好的一面。除此之外，他们在工作中也是善于冒险和敢于冒险的典型。享乐主义者在工作中总是喜欢追求新意，能够看到工作中潜在的无限可能，也愿意为所有的可能去进行尝试。然而他们这种注意力的分散以及对不切实际想法的坚持，也会让周围的同事无法接受。

享乐主义者在工作中会通过和别人做对比来保持自我的良好感觉，他们觉得自己的能力比别人高，把自我形象理想化，总是觉得被他人的建议和行为所约束。因此，他们会选择去说服别人，把别人变成自己的支持者，借此来维护自己的形象。他们在工作中会提出种种的可能性，来表现自己考虑周到。而他们所提出的方案听起来非常具有诱惑力，总是让人充满了希望，但是却经不起仔细推敲。他们想要做到面面俱到，最终却是漏洞百出。

如果享乐主义者在工作中是以领导者身份出现的话，他们会通过自己对未来的坚定态度来调动大家的热情，让大家精神饱满地为他们所描绘的目标奋斗。但是他们在更多的情况下，适合做一个计划者而不是一个执行者。因为享乐主义者虽然能在压力下保持自己的敏捷思维能力和创意，但是一旦他们的想法开始执行，他们就会对重复性的工作感到厌烦。工作对于他们来说，只有提出想法和理论才是最重要的。

除此之外，他们在工作中也会表现出自己善变的特点，他们非常容易因厌烦而改变主意或者转移注意力，这些在执行过程中都是要尽量避免的。

J在领导需要提意见的时候永远是最活跃的一个，他对于每件事情都有着无数的想法，而且这些想法也不乏创意和建设性。但是在执行的过程中，J却从来都不是一个善于坚持的人，以至于他提出的每个有创意的想法都成为别人的垫脚石。

后来在一次会议上，J的上司问道：“为什么你每次提出有用的建议，公司表示同意和认可后，让你去执行的时候你总是执行不下去呢？”J回答道：“再有新意的想法，在执行的过程中也会渐渐失去它最初的魅力，而重复性的工作又会令我感到厌烦，所以就坚持不下去了。公司应该让别的人来执行，这才是明智之举，才能达到应有的效果。”后来上司把J的这番说辞告诉了公司领导，公司最后决定把J调到市场调研部，负责收集意见，制订新的发展计划。

怎样与享乐型人格更好地相处

享乐主义者是现实生活中的“万人迷”，他们能用乐观的态度调节周围的气氛，和周围的人进行友好的交流。他们不仅会让快乐出现在自己身上，也会让周围人避免产生不快乐的情绪。

在日常交际的过程中，他们通常表现得非常合群，无论对方提出什么样的想法，享乐主义者都愿意积极地参与进去，生活中各种可能性的尝试都会让他们兴奋不已。在与人交往的时候，他们会展现出自己能言善道、热情直率的一面，别人也会因为他们所表现出来的才华而折服。然而这些并不意味着和他们交流的时候，不需要约束自己的行为；想要和他们更好地相处，就需要了解他们内心的真实意图。

享乐主义者在现实生活中是不甘屈居人下的一类人，他们通常会表现得“高人一等”，觉得自己什么都知道，自己所坚持的也是正确的，以至于有些时候会表现得自以为是。

但是，他们在交际的过程中也会展现出自己才思敏捷、观点新颖的一面。如果对方能对他们的想法洗耳恭听，他们就会为此感到欣喜不已；如果对方的观点是与他们对立的，他们就会想办法向对方解释清楚，尽可能地说服对方。

其实，他们这样做并不是为了证明自己有多聪明，输赢对他们来说并不重要，他们只是单纯地享受与他人辩论时展现出自己丰富知识的过程而已。所以在和他们交流的时候，不要把他们的反对当成一种不友好的表现，更多时候他们只是为了争论而争论罢了。要给他们展现自我的机会，哪怕他们的展现有吹嘘的成分。当他们认为别人发现了自己的价值时，他们就会收敛自己咄咄逼人的一面。

M在生活中是一个十分唠叨却又自尊心泛滥的人，总是认为自己所坚持的观点才是正确的，对别人平淡无奇的想法和建议提不起任何兴趣。在听完对方的叙述之后，他会兴致勃勃地把自己的想法告诉对方，让对方产生一种错觉，那就是“你说的都是对的，我说的都是错的”，以致大家都不愿意和他一起讨论问题。

一次，同事和他一起商量一个创意策划，同事听完M的想法之后，觉得他的想法有点不切实际，于是就提出了自己的疑问。M听完之后，首先把对方的建议批评了一通，然后就不断地论证自己想法的创新之处，最后成功地让同事同意他的观点。

享乐主义者在人际交往和工作中会非常讨厌严肃的环境，这种环境会让他们产生一种束缚感，他们向往的是轻松、开放、灵活的工作环境。所以在同他们交流的时候，不要期望用常规的思路来约束他们。

另外，在交际的过程中也要避免对他们进行过度的夸奖，这样会让他们产生心理负担，使他们要么通过逃避现实来维护自己的形象，要么产生一种“我比任何人都强”的心理，变得盲目自大起来。所以在同他们交往的过程中，对于他们的夸奖一定要有真实依据，不要夸大其词。他们喜欢的人际关系是一种平等的交流，如果能在夸奖的前提下，适当地指出他们身上的不足之处，通常会让他们得到更长远的发展。

在同享乐主义者交往的过程中，不要随便表现出对他们能力的怀疑。他们是非常自信的一个群体，容不得别人的随便怀疑，任何质疑都可能让双方的关系蒙上阴影。除此之外，也不要把当下他们接触不到的乐趣告诉他们，因为猎奇是他们的本性。

一旦他们得知可以让自己感受快乐的事情，注意力就会发生转移，无心处理当下的事情，而是时刻想着怎样才能去感受一番。

享乐主义者非常善于发现生活中的美好，他们对生活中的一切负面情绪都嗤之以鼻。他们不是在做着能让自己快乐的事情，就是在想着什么事情可以让自己变得更加快乐。所以，想要同他们保持一种良好的人际关系，就不要在他们面前抱怨生活，这会让他们觉得自己所热爱的生活在别人眼中是不值一提的。

他们也会觉得抱怨生活的人是无能的人，同对方交往是没有什么意义的。另外，在同享乐主义者交往的过程中，不要尝试去干预他们的私生活，向往独立自由的他们，对于任何指手画脚都会觉得厌恶。

K 和 L 在同一个部门上班，他们的关系不错，下班之后两人经常会在一起放松娱乐。一次，K 的朋友要在周六办一个聚会，K 就想把L叫去一起放松一下，顺便认识一些新朋友。随后K就把这个消息提前告诉了L，想让L有个准备，把时间给预留出来。

当时，还有三天的时间才到星期六，但是L得知了这个消息之后，表现得非常兴奋，注意力也忍不住转移到了对聚会的想象上面，对于手中的工作就变得敷衍起来。

由于L的心不在焉，结果在工作中出现了一个大的疏漏，他被领导批评了一顿，并且被要求周六必须加班。这个消息使L的好心情立马消失了。最后，L因为加班没有去聚会，但是脑子里又不断地想着聚会的画面，使得加班也没有起到应有的作用。

享乐型人格的自我心理调节

有些时候，享乐主义者在现实生活中很难分清哪些是他们真心想要的，哪些只是一时兴起所做的决定，他们经常会因为冲动让自己陷入难以抉择的境地。享乐主义者的注意力总是容易从一个选项转移到因为该选项而放弃的其他可能上面，以至于他们的思维总是停留在那些被放弃的可能上面，而不能认真地研究一下现实生活中所遇到的困惑该如何解决。

享乐主义者觉得任何放弃都会让自己难以割舍，也害怕因为想法不成熟而错过真正能给自己带来欢乐的事物，以至于变得犹豫不决，开始拖延起来。当别人指责他们优柔寡断时，他们是非常困惑的，然后就会开始思考：难道别人看不出情况可能有变吗？

这时候，享乐主义者应该学会认清自己的冲动性，观察现实生活的真实状况，克制自己每种可能都想尝试一遍的冲动，绝不能放任自己。这样才能学会判断什么事情是自己真心想要的，使自己专注于真正有益的事情上面。

享乐主义者在现实生活中有些时候会表现得不负责任，他们在做一件事的时候可以提出一个很有想法的计划，但是在执行的过程中却会半途而废。在讨论失败的结果时，他们又会对结果进行合理化的解释，例如，这是可以接受的，事情本来就存在着失败的可能性。

如果在执行的过程中遇到麻烦，他们就会去挑剔细节问题，而不会认为他们的指导方针出现了失误。这时候就需要他们学会听取别人的意见，勇敢地承担责任。在做事之前也要能够明确目标，没有完成既定的目标就是一种失败，不要用存在失败的可能作为逃避责任的借口。

享乐主义者天生对未知事物充满了好奇心，并想一一验证自己的想法是否正确。这种想法使他们在现实生活中更加注重量的积累和尝试，而忽略了对质的追求。

因此，他们做事的时候总是容易心猿意马，无法集中注意力，经常是手中做着这一件事，心里却想着另外一件事，以致每件事情都不能做好。这就提醒享乐主义者，在体验生活的时候，要懂得质的重要性，如果把希望寄托于无限可能的尝试中，最后只会让自己迷失在可能所形成的海洋当中，永远无法登上真实的海岸。只有全身心地投入一件事情当中，才能让自己感觉到真实的快乐。

N 在生活中是一个未雨绸缪的人，他在做事的时候，总是习惯将各种可能性都考虑进去，并希望把每一种可能性都尝试一遍，他认为这样才能充分地体验过程带来的快乐。但是，他经常会因为把时间都浪费在选择上面，导致最后的行动都是草草了事。

一次，上司让 N 根据市场调查报告做一份销售策划。N 接到这个任务之后，大脑就开始高速地运转起来，把每一种应对策略都思考了一遍。但是每当N决定策划的方向之后，他就会不自觉地想起另外一种选择，以致在纠结中浪费了大量的时间，最终不得不草草地写了一份策划。当然，这份策划肯定没有通过。但是N对此却不感到失落，反而说自己早就料到了这种结果。

在正常情况下，享乐主义者能够凭借自己的欢乐特质，使周围的气氛变得欢快起来。但是有些时候，他们也会为了吸引对方的注意力而夸大自己的经验，给别人留下“吹牛皮”的不良印象。这就提醒享乐主义者在同别人交流的时候，要注意自己的言语表达，不要为了一时冲动而逞口舌之快，进而损害自己的人际关系。

享乐主义者不仅喜欢追求快乐，而且也能让身边的人保持高涨的情绪。但是，当他们开始过分地发挥搞笑能力的时候，反而会让人产生一种虚假、不真实的感觉，结果对方只会和他们保持一个客气的距离。这时候就要提醒他们，对于旁人来说，一个有喜有悲的人更加容易获得信任和喜爱，因为他们表现得更加真实。

享乐型人格是九种人格中比较自恋的一种人格，具有这种人格的人通常知道自己想要什么，但是对于他人的需求却不太关心。他们经常会觉得能够让自己开心的事情，一定也能让别人开心；自己所认可的想法别人也能接受，如果对方还没有接受，那是因为自己没有说清楚。

这时候就要提醒享乐主义者，他们其实并不了解那些反对自己的人，生活也并不是只有一种可能。要尊重人与人之间的不同属性，不能凭自己的感觉要求别人和自己一样。

B 是一个喜欢以己度人的人，他总是觉得别人的想法应该会和自己一样，以至于他非常喜欢按照自己的喜好为别人做一些决定。他在一次聚会中认识了一个新朋友，两人在交谈的过程中发现彼此有很多共同的兴趣爱好。后来两个人找了一个位置坐下来休息，过后，B 起身按照自己的喜好帮对方拿了一份吃食和一杯酒。

B 本来以为自己这样贴心的服务一定会让对方高兴，但是当他把食物放在桌子上后，对方只是非常客气地说了一声“谢谢”，然后没过多久就找了一个借口离开了。B 觉得莫名其妙，于是就把自己的困惑告诉了朋友。朋友说道：“你怎么知道对方饿了呢？你又怎么知道对方想吃什么呢？你这样按照自己的意愿做决定，当然会让对方觉得不舒服了。”但是 B 却不这么认为，他觉得自己并没有做错什么，而是对方小题大做了。

享乐型人格与其他人格的碰撞

享乐主义者与奉献主义者在交往的过程中会相当默契。他们在交际的过程中会展现出各自活泼、乐观、友好、精力充沛的一面，使得双方拥有一个良好的交际基础。但是，他们也会展现出各自不同的一面，享乐主义者习惯以自我为中心，追求独立，不喜欢被任何事物所束缚，凡是能让他们感觉到快乐的事物，他们都愿意去追寻；奉献主义者则不同，他们习惯以满足他人为中心，他们所关注的焦点也是别人所爱和所要的东西，奉献主义者甚至愿意压抑自己的需求来满足他人。

在亲密的情感关系当中，这两类人一般情况下都能做到与人友好相处，奉献主义者愿意帮助享乐主义者制订适合他们的计划，帮助他们追逐想要的快乐。奉献主义者所拥有的广泛兴趣，也刚好可以满足享乐主义者对无限可能性的追求，进而使这两类人可以在一起尝试各种活动。

除此之外，这两类人都属于乐观主义者，对待生活中出现的困难和危机，他们都不会感到沮丧，反而会让注意力转向其他事物上面。但是，这两类人在一起想要有更好的发展，就需要他们的注意力从外表的亲密转移到真实的情感上面。

在工作中，奉献主义者非常愿意帮助享乐主义者执行他们的想法，但是双方的合作通常会缺乏持久性。享乐主义者会专注于项目的起始阶段，随后他们的注意力就会逐步减弱；而奉献主义者的帮助只有在强有力的领导下才能发挥最大的作用，他们在工作上的特点会使双方的合作充满风险。

除此之外，奉献型的员工还会为了满足享乐型领导者的种种想法而付出努力，但是对方却未必在意自己偶尔的灵光一现，这就会让两者在工作中出现大量误解。而奉献型的领导者也会对享乐型员工的三心二意表示不满，有些时候还会因对方的独立而感到恐惧。

M 的上司是一个想法多变的人，每天都会对不同的事物表现出自己的兴趣，以致 M 在很多时候根本搞不清楚对方的真实想法是什么。

一次，M 根据市场调研和客户需求做了一份调查报告交给了上司，希望可以得到对方的认可。但是到了快要下班的时候，M 还没有得到对方的答复，就开始担心自己的报告是不是出现了问题，于是就想前去询问一下，是否可以按照报告实施下一步的计划。

等 M 找到上司的时候，对方先开口说道："你先把手头的工作放一放，把这件事情处理一下。"M 接受了对方的布置安排，心中想着自己的报告肯定是没有通过，于是就失落地走了出来。

过了几天之后，上司对 M 说道："你的报告写得不错，你的后续计划实施得怎么样了？"M 听到这里，非常诧异地说道："你不是让我把手中的工作放一放，先去处理别的事情吗？”对方说道：“放一放是暂时性的，又不代表要放弃。”M 就这样稀里糊涂地浪费了几天的时间，不得不加班加点地赶制后续的计划。

享乐主义者同观察者在现实生活中，经常会被认为是同一种人格类型，他们身上有众多的相似之处，而且观察型人格是享乐型人格的安全状态，享乐型人格则是观察型人格在压力状态下的反应。

他们之间的这层关系，使得两者都表现出独立、喜欢想象、有创造力、富有学识的一面。在现实生活中，他们都会尽量避免苦恼或痛苦的情绪。

但是这两类人仍然有着很大的不同，比如说观察者会极力避免任何激烈的情感，不管是痛苦还是快乐，他们会简化自己的生活和欲望，压抑自己的需求，做事总是习惯“等”一会儿再做；享乐主义者则不同，他们行事积极，想到什么就去做什么，结果对他们来说并不重要。在行事的过程中，享乐主义者会毫不犹豫地表达出自己的期望与需要，他们讨厌任何形式的束缚与限制。两者之间的这些差异，会让他们在相处的过程中经常出现一些彼此都不愿接受的状况，使得互相之间的合作和交流不如其他人员之间那么顺畅。

怀疑主义者同享乐主义者在相处的过程中，也经常会出现一些交流障碍。怀疑主义者对经验持有怀疑的态度，他们希望自己的周围有可比照的原则，借此来打消自己的疑虑，为此他们可以压抑自己的需求和快乐。

享乐主义者在做事的过程中，总是喜欢关注事物之间的可能性，讨厌被常规约束，他们所有行为的目的都是为了能让自己享受快乐。这两类人格如果想要更好地相处下去，就需要学会倾听对方的真实想法，克服自己身上存在的缺点，善于向对方学习。

K 和 L 的性格存在着很大的差异，K 做事时总是习惯先进行一番观察，确保了解了周围的环境再去行动。L 做事则是雷厉风行，想到什么就去做什么，从来都不会压抑自己的真实想法，以致两个人长期处在一种彼此看不顺眼的状态中。

直到有一次，领导安排 K 和 L 一起处理一件事情，两个人在实践当中体会到了对方身上的稳重与魄力，然后开始审视自身，相互学习。后来两个人经过不断地磨合和交流，成为工作中很好的搭档。

Part9

领导型人格：能力越大责任越大

具有领导型人格的人非常清楚自己的奋斗目标，并愿意为之付出不懈的努力，就算在这个过程中遇到了冲突也不会退缩，因为他们相信真理往往来源于正面对抗的结果。

领导型人格的特点

具有领导型人格的人（简称“领导者”）的基本欲望就是追求权力，他们会觉得拥有权力才能得到别人的认可和赞赏。领导者坚信这个世界是不公平的，总是把自己当成一个保护者，承担起保护那些无辜者的责任。因此，他们在现实生活中会表现出豪爽、不拘小节、维护正义等特点。

他们所关注的核心问题是控制，即是谁在掌握权力？掌握权力的那个人是否能做到公平？这也使得他们在现实生活中非常喜欢居于领导的位置，希望能够用自己的力量来掌控局势，把别人纳入自己所提供的保护伞下面。

领导者非常清楚自己的奋斗目标，并愿意为之付出不懈的努力，就算在这个过程中遇到了冲突也不会退缩，因为他们相信真理往往来源于正面对抗的结果。

他们认为自己所代表的是正义的一方，他们之所以这样做都是为了保护他人。领导者会信任那些在正面冲突中不退缩的人。除此之外，他们在现实生活中通常不愿意被别人控制，就算他们处于下属的位置，也会尽量忽略被别人领导的事实。如果周围缺乏明确的规则，领导者甚至会表现出对规则的有意挑战。

当他们处于领导地位时，就会表现出控制的欲望，并迅速地掌控全局。在这个过程中，领导者会表现出好胜心和攻击性，而不是通过协商谈判的方式去解决问题。

领导者的理想目标是能对社会有所贡献，希望得到众人的肯定和爱戴，他们会让自己投身到对大众有益的工作上面，并且还会带动身边的人一起投入公益事业中。领导者在做事的过程中会表现得非常有担当，一旦选择了就会强有力地执行下去，半途而废的情况一般不会出现在他们身上。

H是一个好胜心非常强的人，做什么事都不喜欢受人控制，所以同别人发生争执对于他来说，是再正常不过的事情。这种敢打敢拼的性格，让他很快就闯出了一片天地，成立了一家属于自己的公司。他在公司面试新员工的时候，最看重的便是对方有没有拼搏精神，对于他来说，有没有好胜心是评价一个人是否有工作动力的重要标准。

而其公司员工的升迁，也是在激烈的竞争中完成的。他从来不在意对方的学历和资历，他看重的更多是对方有没有直面挫折的勇气，以及在面对困难问题时所选择的方法和态度，这也使得整个公司的竞争非常激烈。

在现实生活中，领导者通常会选择用强硬的外表来保护自己，因为他们内心是害怕自己被控制的。这种性格特点使他们总是习惯关注外面的世界，希望自己能够找到别人隐藏的企图，发现那些应该受到惩罚的人，借此来消除自己被控制的可能。但是，无论他们怎么批评、责备他人，都不会对自己进行惩罚，领导者会把自己塑造成一个毫无过错的保护者。

领导者在面对威胁时会无意识地表现出强烈的攻击性，因为斗争对于他们来说就是消除威胁和怀疑的最佳工具。他们习惯用怀疑的眼光来审视这个世界，唯一能让他们感到安全的就是知道自己要指责谁，同时也能清楚地知道是谁在支持自己。

但是，他们的指责虽然看起来是强大而确定的，实际上却暴露出了他们的疑虑和脆弱。领导者如果想要获得更好的发展，就需要他们在指责之前先质疑一下自己的决定，控制自己的冲动，不要总是仓促行动。

领导者的世界观在某种程度上就是自然界的生存法则，弱肉强食、优胜劣汰是他们评判强者的最佳标准。在整个斗争的过程中，他们会表现得斗志昂扬，把愤怒当成一种激发自己的能量，让自己去追求真相的工具。如果在斗争过程中战胜了对手，他们就会为获得支配权而感到满足；如果失败了，他们就会觉得这是公平的斗争，可以消除彼此之间的不信任感，不管怎么说都是一种双赢的结局。

此外，领导者在斗争的过程中非常容易变得以自我为中心，进而被自我的力量和宏伟的计划冲昏头脑，只要自己感觉良好的事情，他们都会选择没有节制地贯彻下去。当他们变得无法控制自己的时候，就会公开发泄怒火来展示自己的力量，使他们的人际交往变得步履维艰。

J在工作中是一个非常喜欢竞争的人，他觉得只有处在争斗的状态中，才可以激发自己的所有潜力，让自己得到更好的发挥。在与别人交往的时候，他也经常因为一些事情同别人发生争执，因为J始终都相信这样一个道理，那就是“真理越辩越明”，只有在辩论的过程中，才能够得到更加真实、深刻的认识。

这就使J的生活每天都充满了各种各样的争斗，而一旦生活中的这种争斗消失的时候，他就会觉得生活变得枯燥乏味，并为此感到厌烦。但是有些时候，J这种喜欢争斗的性格也给他带来不少麻烦，尤其是当他要为自己犯的错误承担责任时，他就会非常难以接受，并长时间处在一种情绪低落的状态中。

领导型人格在不同阶段的表现

领导者在健康状态下会表现出大度、自信、富有挑战精神等特点，他们重视自我能力的彰显，对于自己想要的东西也不会轻言放弃。领导者在健康状态下，会表现得富有同情心，也能够为了比自己的志向更伟大的事业做出一些牺牲和让步。此时的他们是真正无私的，总是想着为别人服务，充当别人的保护伞，为这个社会做出更大的贡献。

领导者会为此收敛内心的冲动，避免只凭直觉行事，会等到自己对事物有了更深刻、更真实的认知后再采取行动。他们的内心总是充满了坚定的力量，随时可以勇敢地迎接生活中出现的挑战，但是也不会排斥向别人寻求帮助。

健康状态下的领导者，在某些时候也会表现出对被他人伤害或控制的恐惧，但是他们不会被这种恐惧所吓倒，他们会因此产生保护自己的强烈欲望，并在抗争的过程中体会到意志力的强大作用。领导者也因此变得充满自信，从不怀疑自己具有克服困难的能力，而他们的自信又会在克服困难的过程中变得更加强烈。领导者始终相信，在这个世界上，他们可以按照自己的想法去处理事情。

一旦领导者确定自己拥有坚强、自信、独立这些品质时，他们就会害怕变成与之相对的另一种人，于是他们会积极地面对生活中的各种挑战，借此来证明自己的能力和独立。他们的坚持最终会让其成为一个具有建设性和权威的挑战者，他们会坚定地去完成自己认为有价值的目标。

在面对挑战的过程中，领导者也会表现出自己足智多谋、果断、忍让、有胆识的一面，进而赢得众人的信任和依赖。除此之外，他们富有建设性的直觉，会让他们在生活中展现出具有先见之明的一面，领导者也愿意用这些天赋去做那些具有实际意义的事情。

M 是一个独立而又自信的人，只要是觉得有意义的事情，他就会尽自己最大的努力去完成，绝不会因为困难而选择半途而废。一次，M 根据经验写了一份市场与客户需求变化的分析报告，结果赢得了上司的赞赏。随后，上司决定让 M 根据他的分析报告做一份应对计划，其实应对计划并不像分析那样轻松，它需要综合考虑更多方面的因素。

但是 M 还是选择接受上司的安排，因为他觉得自己可以成功地制订出应对计划，如果计划执行了，也绝对可以为公司创造不菲的收益。于是他就开始加班加点地工作，希望自己可以一鼓作气把它拿下。在 M 的努力下，这份应对计划很快就制订了出来，并且得到公司领导的一致认可。随后，公司按照他制订出来的计划，成功地在市场转变的过程中抢占了先机。

当领导者从健康状态转变到一般状态的时候，他们就会因为难以面对挑战和完成任务而感到焦虑不安，他们此时的行动已经转变为如何保住自己的事业。而且他们此时开始关心自己是否拥有足够的财力，并希望可以做到自给自足。在焦虑和怀疑的影响下，他们开始慢慢地减少对他人的关心和保护，逐步变成一个以自己为中心的个人主义者，他们渴望身边的人都能支持他们的努力，当出现怀疑的时候会毫不犹豫地介入冲突中去。

此时，领导者为了展现自己的力量和能力，会让自己不断介入斗争当中，如果在此过程中遇到了阻碍，他们就会展现出自己攻击性的一面。在这种状态下，他们总是想把自己的意愿和想法强加到别人身上，想要看到自己意志力在环境中的延伸，不再把对方看成是一个与己平等的存在。

他们此时最基本的恐惧就是害怕受到他人的伤害或控制，为了消除这种威胁，他们会选择先发制人，把周围的每个人都纳入自己所掌控的范围。此时，为了展示自己的重要性，他们会直截了当向别人展示自己取得的成就，甚至会通过挑衅或取笑别人来显示自己的幽默感。

如果领导者继续选择坚持己见，无视他人的想法，想要支配周围人的话，他们就会因此招来抱怨和抗议。这种情况通常会让他们感觉到危机，认为自己的权威受到了挑战，进而他们就会把一切的关系都变成一种敌对关系，然后通过故意制造冲突，挑起争斗对别人施压，甚至会通过威胁和报复来获得别人的服从。

此时的领导者已经慢慢地从一般状态进入到了不健康状态，如果不加控制的话，他们就会变得无情无义，独断专行，并坚定地奉行“强权就是真理”的准则，甚至会变成一个不受控制的自大狂，残酷地毁灭一切不屈服于他的人。

H 是一个非常偏执的人，觉得自己所坚持的都是正确的，别人的想法和行为都应该和自己保持一致。他为了展示自己所取得的成功和说话的可信度，就非常大方地想要用金钱来增加自己说话的分量。

一次，H 在同别人谈判的过程中，自始至终都表现得非常强势，对方的条件也开始被一步步地瓦解。等到最后要签约的时候，H 邀请对方到一家豪华的餐厅吃饭，并约定在晚饭结束之后签订合作协议。在吃饭的过程中，一个新来的服务员不小心碰掉了一个杯子，酒洒在了 H 身上，服务员立刻向他道了歉，但是 H 却并没有原谅对方，并指责那个服务员：“手脚不灵便就不要出来工作了。”

这时对方突然起身说道：“这顿饭我请了，你也不用再说他了。另外我们的合作也就此结束吧！一个只会咄咄逼人的合作者，不是我们所想要的。”H 当场就傻眼了。

领导型人格的情感世界

领导者是非常注重自由和独立的，在情感世界中也不例外，因此他们通常会喜欢独立、坚强的另一半。他们非常讨厌被别人控制和利用，也不希望自己被无视，领导者的这种情绪在现实生活中会转变成一种对领地的重视，而这个领地通常包括日常行程安排、私人物品以及个人空间等具有个人色彩的事物。他们在现实生活中的许多控制行为，都是想要通过先发制人来确保自己不被别人控制。

在现实生活中，领导者把亲密的行为与亲密的关系放在两条不同的线上，即“我们虽然每天在一起，但不代表我们的关系就非常亲密”，“我们可以在一起嬉笑打闹，但这并不意味着我们是非常要好的朋友”。双方在交流的过程中需要不断地交换观点，表明立场，然后把双方的关系建立在共同的兴趣爱好上面，才会有更好的发展。

领导者在现实生活中拥有强烈的欲望，也非常喜欢刺激的生活，他们对于喜欢的事物会表现得没有任何节制，熬通宵、狂欢对于他们来说是再正常不过的事情。这也使他们在情感世界中会忽略对方的感受，加重对方的心理负担，使双方的生活很难保持平衡。

当领导者和朋友之间的关系朝着更加亲密的方向发展时，他们会觉得自己的生活受到了干扰，进而想要从这段关系中逃离。因为他们发现，这样就不能完全按照自己的意愿生活下去了。

当他们发现自己更多的时候需要顾虑对方的想法时，这会让他们非常不习惯。所以，他们在情感交流的过程中，会想把控制权时刻都掌握在自己手中，或者强行把对方纳入自己的控制范围中。

M 是一名空姐，在一次航班飞行中认识了健身教练 H，双方在短暂的交流中发现，彼此竟然存在着共同的兴趣爱好，于是两个人在飞机降落之后互相留下了联系方式。

后来，M 和 H 又在不同的场合见过几次面，两人之间慢慢地产生了好感，不久就成了情侣。在刚开始的一段时间，两人相处得非常甜蜜，但是没过多久，M 就对这段感情充满了厌倦。

原来随着交往的加深，M 发现 H 对所有人都一样，对自己根本没有什么特别。除此之外，H 还十分霸道，会替 M 做很多决定，甚至还不允许 M 有任何私密的事情，每天都会打无数个电话，以了解 M 在做些什么事情。

M 问 H 为什么要这么做，H 理直气壮地回答道：“恋人之间就应该这样，再说我不知道你每天都在忙些什么，我怎么能清楚地知道你的想法呢？”M 觉得 H 把自己当成了他的一件附属品，于是果断地从这段感情中脱身。

领导者在交往过程中，通常不会压抑他们内心的情绪，非常容易因为别人的质疑而产生愤怒的情绪，也会不加克制地将这些情绪发泄出来。对于他们来说，“不打不相识”是非常有效的一种交流方式。所以在交往的过程中，他们经常把怒火发泄到他们感兴趣的人身上，但是却认识不到愤怒和争斗对于别人意味着什么。愤怒情绪的释放会让领导者感到轻松，但经常会因此把他们的人际关系弄得一团糟。

领导者在情感交流中，都不能忍受信息的缺乏，因为这会让他们有一种超出自己掌控的感觉，以至于他们在敏感的时候会把轻微的忽视当成一种背叛。另外，在领导者的情感世界中，始终坚信依赖对方会让自己变得软弱无力，然后拒绝自己内心柔弱的情感，把温柔误以为就是依赖。此时，他们会选择退缩，并且开始抱怨，或者通过自责的方式来否定自己的情感。

在与领导者交往的过程中，应该把问题摆到桌面上来吸引他们的注意力，否则他们就会专注于个人目标，进而忽略他人的感受。如果在交往的过程中，对方因为种种原因隐瞒了一些问题而被他们发现的话，他们就觉得这种事情会威胁到真理的存在，这是他们所不能接受的。在情感交流的过程中，隐瞒会让领导者觉得自身受到了攻击或被利用，此时，他们会选择立刻反击，而不会在乎对方是有意的还是无意的。

因为领导者总是觉得情况还有可能恶化，他们必须在失控之前马上解决问题。除此之外，当他们感到无聊的时候，他们很有可能会做出一些不礼貌的举动，让身边的人感到难堪。

K 在生活中是一个不会压抑自己情感的人，他喜欢在交流的过程中，把所有遇到的问题都摆到明面上，并直接进行处理，以至于有些时候会显得非常无礼。

一次，K 和朋友在一家西餐厅吃饭，席间，两人发生了一些争执，但是对方并没有被 K 的一套理论说服。K 觉得非常没有面子，就忍不住同朋友争吵了起来。

朋友觉得不应该在公众场合大声喧哗，于是就对 K 说道："我们吃完饭出去再说吧！"但是 K 并不买账，而是立刻站起来对服务员说道："吃完了，结账！"随后两人便离开了西餐厅，在马路上继续争执。最后，朋友觉得太尴尬了，就选择离去。

这件事之后，大家都以为两人可能再也做不成朋友了，但没有想到的是，没过多久他们两人就和好了。当别人问 K 原因时，K 说道："他能在争执中一直坚持自己的原则，哪怕觉得周围的环境会让其非常难堪，他也没有妥协。这和我的性格一样，自然也就值得我尊敬了。"

领导型人格的职场表现

领导者在职场上是非常注重公平的，不公平和不公正之类的抱怨经常会从他们口中说出来。因此在同他们交往的时候，应明确地区分出哪些情况代表的是他们自己，哪些情况代表的是一个群体，进而做到同他们保持有效沟通。

此外，他们在职场上会严格划分办公室的等级结构，会在不经意间对人员进行分类，通过设定界限让自己了解每个人的立场，进而确保自己的安全和对信息的掌控。

领导者在工作的过程中，会时刻思考着怎么做才能确保自己的领导权威，即便他们只是一个普通的员工，也会让自己表现得像一个领导一样。他们在工作中关注的焦点是谁掌握了权力，他的行为原则是否公平、公正。领导者在职场上有些时候表现得就像一个实干的个人主义者，会考虑诸多实际问题，然后按照他们所认为的公平原则行事。

当领导型的员工面对一个讲诚信、讲原则的上司时，他们会愿意在工作中展现自己的才华。一旦发现上司与自己的处事原则发生了冲突，他们就会奋起反抗。领导者对周围环境的控制欲，会让他们坚信自己的观点才是正确的，认为自己在竞争中可以战无不胜。

所以在职场上，领导者有些时候的表现就像刺头儿一样，他们对权威的反抗会给当权者带来不小的麻烦。

如果把领导者放在一个公平、公正的环境中，他们也可以成为一个出色的员工。他们对工作的兴趣，可以让他们长久地工作下去，并且能够用坚定的信念来克服工作中遇到的困难。不过在工作的过程中要尽量保证他们的独立性，任务一旦布置下去之后，就不要随意地插手。因为这会让他们觉得自己受到了伤害和控制，这是领导者所不能接受的。

J 在工作中是一个不喜欢忍让的人，他如果觉得自己受到了不公平的待遇，就会据理力争，从来不考虑这样做会不会得罪人。

一次，他成功地完成了一个项目，按照常理来说应该可以得到一笔奖金，但是到了月底发工资的时候，这笔奖金却并没有发到他手里。

J 觉得可能是主管将这笔奖金给扣了下来，于是他找到主管询问情况。主管表示，上级没有下发任何奖励，也没有任何指示，他自然就不能自己做主发奖金。听完主管的解释之后，J 并没有信服，而是私下里四处诉说自己受到的不公平待遇。

到了月初开例会的时候，领导公开表扬了 J 的业绩，并当众发放奖金。此时 J 才意识到主管并没有说谎，是自己误解了他。随后 J 找到主管，表达了自己的歉意。

任何人在工作中都想获得安全感，领导者也不例外，他们在工作中会十分重视人际关系的培养，因为他们觉得同事之间的友谊在某种程度上就等同于安全感。但是想要同他们进行顺利的交往，却并没有那么容易，因为领导者虽然意识到了友谊的重要性，但是他们仍然会坚持独立地解决问题，避免他人的干扰。

如果要求他们和别人分享空间、时间、信息、设备等带有个人色彩的事物，他们的领地观念就会抬头，然后开始怀疑对方的动机。除此之外，他们还喜欢通过大声争论来传达自己的观点，他们咄咄逼人的态度会让人非常不舒服。别人会以为领导者是在全力表述自己的观点，其实他们仍然处在思考的过程中，但是当他们开口时，摩擦或是矛盾可能就随之而来了。

领导者在工作中会表现出自己开创性的一面，这种开创性通常能给他人带来鼓舞。当工作出现困境，或者投身于自己感兴趣的事业中时，他们会进入一种高效率的工作状态中。所以在工作的过程中，他们会对那些在困境中仍然坚持自我的人刮目相看，会觉得对方身上拥有和自己一样的品质。

除此之外，领导者通常会觉得激烈的竞争环境要比平淡无奇的工作有趣得多。他们更加愿意处理一些紧急状况，不愿意按部就班地进行下去。他们需要找到有效的渠道来发泄自己过剩的精力，否则充满活力的他们就非常容易把自己的注意力转移到一些细节上面，或者胡乱干预他人的工作，进而造成同事之间关系的不和睦。

当他们成为真正的领导的时候，也不会选择轻易授权，他们在决定委任一个人做某项工作的时候，会先充分考察对方的能力再做决定。如果对方通过了他们的考验，后续的工作就会接踵而至，但是他们很少会为对方出色的表现鼓掌。和他们相处的时候，最关键的一点就是要学会表达自己的意见。你不必去赞同他们的意见，但是一定要他们知道你的意见，和他们相处最重要的就是要做到坦诚相见。

B 在工作中是一个精力十分旺盛的人，而且总是在别人还没有完成工作的时候，他就已经顺利地完成了自己手中的工作。但是 B 并不会因此感到轻松，他会为自己的无所事事而感到厌烦。此时，他就会去干涉他人的工作，对别人的工作进行一番评价。

但是，他的干涉并不都会得到对方的认可和感激，因为他的干涉更多的时候是想要掌控对方，希望对方可以按照他的意愿行事。B 的这个缺点使得他在公司中的人缘并不是很好，但是 B 却从来不认为自己这样做有什么不对，他还是会时不时地“指点”同事一番。

怎样与领导型人格更好地相处

领导者在现实生活中会表现得强势、自信、坚强、积极进取，而且对强者通常会更容易产生好感。所以在同他们交往的过程中，不要期望可以通过展现自己的软弱来获得他们的同情和帮助。

虽然他们在办事的过程中，也会表现出自己豪爽、乐于助人的一面，不愿意看到身边的弱者遭受不公平的待遇。但是不代表他们能接受喜欢用“哭诉”这种方式来乞求帮助的人，因为他们会觉得这是一种无能的表现。因此，这样的软弱姿态不仅得不到他们的帮助，而且还会让他们产生厌烦的情绪。

相反，在竞争的过程中可以做到坚持己见、不屈服的人，就算到最后没有成功，也能赢得他们的好感和帮助。

领导者在同别人交往的时候，喜欢直截了当地展开对话，拐弯抹角的试探会让他们反感。如果在交流的过程中，能够对他们表现出应有的尊重和诚意，通常会使双方的交流有一个良好的基础。

对于他们的观点，对方不一定要完全赞同，也不要因为害怕惹他们生气，就隐瞒自己的想法，有不同的意见一定要坦诚地表达出来。他们虽然没有太多的心机和城府，但是一旦他们发现了对方的隐瞒，就会变得非常愤怒，觉得自己受到了愚弄和控制，进而断绝和对方的交往。

除此之外，如果在交际的过程中出现了问题，不要自作主张地选择解决方案，要记得征求他们的意见，坦诚地交流和及时地汇报，对于他们来说是建立信任的关键。

领导者在交际的过程中会表现出较强的控制欲，希望对方可以对自己做到言听计从，所以在小事上应该尽可能地顺从他们的意见；但是涉及原则问题的时候，就不用选择忍让，可以强硬地与他们据理力争。

M在生活中是一个不拘小节的人，经常会热心地帮助身边的人，但是在有些时候他也会表现出愤怒的一面，喜欢和身边的人展开争论。一方面，M希望通过争论来检验究竟谁是自己身边敢于直言的朋友；另一方面，他也希望可以说服对方，成为众人眼中不可或缺的建议者。

一次，M和朋友在公园里看别人下棋，朋友一时技痒，就和另外一个人切磋棋艺。在这个过程中，M和朋友因为一步棋发生了争执，当时M表现得非常强势，觉得对方应该听从自己的建议才能赢。

朋友争执了几句，就听从了M的建议，最后下成了一盘和棋。事后，另外一个人私下里问M的朋友："如果你坚持自己的想法，那局棋说不定就赢了，你为什么听他的呢？"M的朋友回答道："他这样做也是为了让我赢，而我当时确实有点犹豫，不过我为什么不听从他的建议呢？因为一局棋而大吵一顿，那多不好！”

后来M从别人口中得知了朋友的这番话，非常感动，与对方的友谊也变得更加深厚了。

其实，他们并不介意和对方发生争执，他们觉得这种直接的碰撞，使双方更加容易对彼此的想法有一个更深刻的了解，真正的朋友就应该敢于直言。如果在争执的过程中，对方能够用精确的语言和严谨的逻辑进行可行性分析，不管结果如何，通常都能得到他们的赞赏。

领导者是非常容易愤怒的一类人，他们的愤怒通常是因为他们多余的精力没有找到有效的渠道进行宣泄。所以对于他们的愤怒，并不需要反应过度，也不用竭力进行反抗，仔细地听就可以了。等他们发泄结束之后，自然也就会回归常态。

但如果他们的愤怒伤害了你，你可以直接告诉他们，因为他们很有可能只是一种无意的表达。他们知道之后在你的面前就会有所收敛。千万不要对他们的愤怒做出同样的反应，否则非常容易引起更激烈的、不必要的争斗。

在交往的过程中，如果对领导者的行为感到不满，你可以直接指出来，但是不要嘲笑或讥讽他们，否则非常容易引起他们的敌意，他们甚至会选择用暴力、卑劣的方式进行报复。除此之外，也不要在他们面前随意攻击他们的朋友，尤其是当你没有证据的时候，这种行为非常容易引起他们的反感。因为他们觉得自己有义务，也有责任去维护朋友的形象。

B 和 N 在工作中经常会因为不同的观点而发生争执，两人都坚定地相信自己的想法才是正确的，对于对方的观点都会表现出不屑一顾的态度。因此，公司的其他人都认为他们之间的关系并不好。然而，事实却不是这样的，B 和 N 的友谊就是在争吵中建立起来的，并且随着争吵而变得越发坚固。

一次，N 意外地被卷入了一宗盗窃案中，当所有人开始对 N 的人品质疑的时候，B 仍然坚信 N 是无辜的，并贴心地安慰 N 的家人。后经警方调查证明，罪犯是用 N 丢失的身份证冒充 N 作案的，与 N 没有任何关系。

N 之后不解地问 B 道："你为什么愿意相信我呢？"B 回答道："天天与你争来争去的，你的为人我自然也就非常清楚了。所以我相信你是无辜的，事实也证明我的判断是正确的。"

领导型人格的自我调节

领导者在现实生活中会对周围的人或事进行明确的划分，他们总是习惯对每一段关系都下一个明确的定义，认为对方不是朋友就是敌人。如果是朋友关系，他们就会把对方纳入自己的保护体系，否则就会选择冷眼旁观。

他们有着非常强烈的是非观念，不会接受模棱两可的做事态度，因此爱憎分明就成了他们最为明显的特点之一，但也成了他们发展过程中的阻碍之一。这种极端的态度让他们非常容易陷入偏执之中，过度强调对方对自己的坦诚，将对方的任何隐瞒都当成欺骗。这时候就需要让他们知道，这个世界并不是只有黑白两种色彩，也不要轻易地把对方划为敌人。

领导者在与人交往的过程中会尽量避免他人的控制和影响，他们是独立自主的拥护者。但是他们总是无意识地要求别人和自己一样，为了避免被控制，选择先下手去控制别人。

他们还会因为过度地强调控制权，让自己去无止境地追求权力和财富，希望可以通过高人一等的地位来获得别人的尊重和服从。在这个过程中，他们甚至会为了权势去攀附那些自己原本厌恶的人。这时候就需要提醒他们，不要让对他人的控制欲取代了自己的真实需求，要避免对权力的滥用，要尊重别人的独立意识。

领导者通常不会克制自己的情绪，争吵、发怒对于他们来说就是家常便饭，而且还认识不到这样做所带来的危害，他们认为这样是在展现自己真实的想法。但是，并不是所有人都愿意接受他们这种直接、粗暴的交流方式，对方很可能会因为他们的愤怒而感到不安。

另外，他们喜欢把自己的意志强加到别人身上，在更多情况下带来的只是别人的反感。这时候，他们就需要学会克制，在想要发火的时候马上转移自己的注意力。领导者还需要认识到各种观点之间的相互联系，而不是听见不同的声音就选择愤怒、争吵。

领导者在同他人接触的时候，有些时候会表露出自己的怀疑倾向，觉得他人总是想要控制自己。他们为了消除这种恐惧，就会把注意力放到别人的错误和缺陷上面，然后进行攻击，借此来展示自己强大的力量，而这种表现非常容易让他人陷入尴尬的境地。

这时候就需要提醒他们，这个世界没有那么多人想要控制你，也不用通过攻击他人的弱点来掩饰自己的不安，要学会正视自己，承担责任，而不是一味地逃避。

H 在生活中是一个非常强势的人，一旦他决定要做的事情，很少有人能改变，他的行为在某种程度上已经算得上是独断专行了。

一次，他负责为一家公司拍宣传片，事先制订好了所有的计划和步骤，只要去执行就可以了。但是在执行的过程中，一个新来的员工提出了自己的看法，觉得换种拍摄方式可能会有更好的效果。

H听完之后大声地对他说道：“你那么有想法不如你来负责！”对方听了，毫不示弱地把自己的想法详细地说了一遍，然后又把H策划的漏洞说了出来，两人就这样开始了一番唇枪舌剑，最后还是按照原定计划拍摄。事后，那名新来的员工觉得自己实习结束转正无望了，但没想到的是，他竟然接到了提前转正的通知。

原来，H同他争吵之后，觉得他是一个非常有潜力的员工，于是就向上级申请帮他转正。而这名新员工却因为H当天的表现而忐忑不安了好一阵子。

领导者在现实生活中总是展现出一副硬汉的模样，他们会为了保护弱者而向他人提供帮助。但是，他们却会对别人的帮助非常排斥，在他们心中，他人对自己的帮助其实是一种怜悯。所以，他们总是故意地忘记或者不承认自己情感上的弱点和依赖性，使自己朝着封闭、孤立的方向发展。

这时候就需要他们学会放松，不要把依赖和控制相提并论，学会欣赏他人的优点，适当地释放自己的情绪，消除控制他人的想法，只有这样才能让自己的生活过得更加多姿多彩。

G在生活中经常会为了正义、公益去帮助他人，但却对别人的帮助非常排斥。他总是觉得自己是一个强者，保护弱小是自己的责任，但是如果自己接受了他人的帮助，自己就会成为弱势群体中的一员。因此，他拒绝任何形式的帮助，慢慢地，他成了生活中的独行侠。

一次，G 因为重感冒在医院输液，护士在给他换完药之后，两人闲着没事儿聊了一会儿。在聊天的过程中，护士发现了 G 性格上倔强强硬的一面，感到他总是在抗拒他人的好意，于是就对他说道："这个世界上没有谁是万能的，也没有一个人能够离开他人的帮助而独立地生活下去。"

G 听完对方的话，感到非常不服气，护士就继续说道："我现在这样对你不就是一种帮助吗？难道你不承认吗？" G 无奈地点了点头，承认了对方的说法。

自此以后，G 对他人的帮助也就不再那么排斥了，身边的朋友也渐渐多了起来。

领导者在同他人交际的过程中，总是希望把话语权掌握在自己的手中，因此不会轻易选择妥协。对于他们来说，要么控制，要么离开。除此之外，他们会为了彰显自己的控制力而制定一些规则，并把这些规则强加到别人身上，等到别人接受了这些规则之后，他们反而会破坏这些规则，借此来证明自己的控制地位。

所以在同他们相处的时候，人们非常容易被他们善变的想法弄得疲惫不堪，进而使得他们的人际关系逐渐变差。这时候就要提醒他们，在同别人交际的过程中，要学会妥协，学会倾听对方的想法，而不是一意孤行。

领导型人格与其他人格的碰撞

领导型人格与观察型人格在现实生活中有很多相似之处，因为观察型人格是领导型人格在压力状态下的表现，而领导型人格则是观察型人格的安全类型。他们都非常注重事情的真相，也都希望能够获得他人的尊重。他们在处事的过程中追求独立，想要拥有属于自己的空间和隐私。

这两种人格也是九种人格中相对性最强的两种。比如说，观察者非常懂得退让，他们会保存精力，压抑自己的需求和欲望，做事总是习惯三思而后行。而领导者则无时无刻不在表现着自己激进的一面，他们总是处在精力充沛的状态当中，会直接表达自己的欲望和情绪，经常需要为自己的冲动埋单。

这两种人在合作的时候，一般情况下不会掺杂各自的情感，但可能会因为争夺控制权而发生争执。观察者作为领导时，通常不会与员工发生过多的交流，他们会和员工保持一定的距离，这时候，领导型员工就会因为上司的缺乏关心而产生一些想法，进而导致双方关系出现波折。但是观察者在决策过程中的中立、公正，又常常给领导型员工提供一个随意发表意见的平台。如果两者能进行开诚布公的交流，则会使双方的合作非常顺利。

M 和 N 在一家公司上班，M 的职务是策划总监，而 N 只是广告部的一个小主管。M 总是习惯性地通过发电子邮件的方式进行任务部署，很少把大家聚在一起开会，因此 M 和 N 两人平时并没有过多的交集。N 在工作中是非常自由独立的，他会把自己当成真正的大领导一样，对下属的任务进行详细的划分。

一次，M 在抽查工作的时候，发现 N 所在的部门做的工作和自己的部署出现了差距，于是就找 N 询问原因。N 就把自己变动的原因和改变后的成果对 M 做了一番详细的陈述，M 听完之后没有说话就走了。当所有人都以为 N 要受到批评的时候，没想到 M 在开会的时候只是对 N 警告了一番，让他下次再有什么想法的时候，要提前进行上报而不是自作主张，这件事就这样结束了。

领导者成为领导的时候，会表现得非常自信，一旦下定决心，就不会再发生变化。他们的这种性格会让员工产生两种极端的感受，要么很爱他们，要么非常讨厌他们。但是聪明的观察型员工只会为他们提供各种信息和数据，不会表明自己的立场，所以在一般情况下，他们能够做到有效地配合。

观察者与领导者对自由的追求，使得双方都非常重视自己的个人意志。所以，他们在交往过程中通常会选择诚实以对，不会压抑自己的想法。但是这种性格也使得他们在情感的释放上缺乏有效的自我控制，不会轻易选择妥协，经常会出现一些强烈的碰撞，最后导致对双方的感情产生怀疑。

怀疑主义者与领导者在相处的过程中，会因为双方的性格差异使彼此的交流变得困难重重。怀疑主义者在做事的时候会犹豫、害怕，并夸大自己所遇到的危险，当他们的疑心加重的时候，甚至会选择放弃。然而这些状况很少会在领导者身上出现，他们做事毫不犹豫，只要是他们认定的事情就会全力以赴地投入，当他们遇到困难的时候，还会通过否认自己的弱点来坚持立场。

因此，这两种人在很多状况下的表现都是截然相反的，领导者通常会非常鄙视犹豫不决的怀疑主义者，怀疑主义者则会认为领导者是鲁莽冲动之辈。

奉献主义者同领导者在现实生活中经常会被误认为是同一种人，因为奉献型人格是领导型人格的安全类型，而领导型人格是奉献型人格在压力状态下的反应。这两类人都会在待人处事上展现出自己精力充沛的一面，也非常愿意给他人提供一些帮助。

奉献主义者在压力状态下，会直接有力地表达自己内心的想法，也会非常容易变得愤怒。但是领导者在安全状态下会变得无私助人，也愿意敞开心扉，温柔地表达自己内心的感受。

除此之外，奉献主义者对他人的想法会非常敏感，他们也愿意为了取悦他人而压抑自己内心的想法。领导者则恰恰相反，他们做事强硬，不擅长妥协而是喜欢掌控，也不会为了取悦他人而控制自己的欲望。

因此，这两类人在相处的过程中，奉献主义者的自控和妥协刚好能够迎合领导者的控制欲望，进而使双方做到和谐相处。

H和G在工作中是非常有默契的一对搭档，H习惯强势地表达自己的意见，G则习惯圆场，两人一个“红脸”，一个“白脸”，使双方的合作经常很完美。

一次，公司遇到了一个非常难缠的客户，领导就把H和G派出去同对方进行交涉。H一开始就表现得非常强硬，把要求提得很高，并表现出一副“你不同意就拉倒”的架势。对方看到H的表现，内心稍显慌乱，但还是不愿意开口服软。

这时候，G就在一旁打圆场，然后开始慢慢地消除对方慌乱的情绪。就这样，H和G一软一硬的配合，最后使对方乖乖地答应了他们的要求。

Part10

协调型人格：我们都是好朋友

协调型人格是九型人格中最和善的一种人格，他们享受和认可的是生活的全部场景，而不是某个特殊的部分。他们做事从来都不会表现出急切的情绪，保持冷静、顺其自然是他们一贯的应对办法，协调者坚信“船到桥头自然直”。

协调型人格的特点

协调型人格是九型人格中最和善的一种人格，他们享受和认可的是生活的全部场景，而不是某个特殊的部分。他们做事从来都不会表现出急切的情绪，保持冷静、顺其自然是他们一贯的应对办法，协调者坚信“船到桥头自然直”。

除此之外，他们还会觉得这个世界根本不会在意自己的努力，因此还不如舒服地待着，让自己保持平和的心态。所以他们在生活中是非常随和的一类人，即使别人伤害了他们，只要不触及他们的底线，他们就不会做出激烈的反应。

协调者在现实生活中不会轻易地做出选择和评判，如果他们被迫做一个裁决者，最后往往会变成一个中立者。协调者总是关注别人的立场，并在关注的过程中，展现出自己善解人意的一面。但是他们却经常弄不清自己的需求，即使他们知道了自己的需求是什么，也非常容易在追寻的过程中失去立场，协调者也因此变得非常恐惧做决定。

协调者在现实生活中是非常在乎他人感受的，他们觉得一旦自己变得不和善，就没有人喜欢自己了。因此对于协调者来说，只要对方高兴就可以适当地忽略自己的感受。除此之外，他们在交际的过程中，通常不会拒绝别人，对别人说“不”就如同自己遭到拒绝一样。

K在生活中是一个非常随和的人，不管别人说什么他都会表示认可，他觉得只有支持他人，才不会使自己站在他人的对立面。

一次，公司召开集体会议，领导让员工为自己的新产品想一个好的宣传口号，一经采纳就会给予相应的奖励。K在私底下认真地思考着，很快就想到了一句宣传语，但是他却不愿第一个站起来表达。

慢慢地，有几个员工表达了自己的意见，大家也都表示了认可，但直到会议结束K也没有把自己想好的宣传语说出来。后来同事在跟他聊天的时候，发现他写在笔记本上的宣传语非常棒，就问他：“为什么当时不说呢？”K回答道：“别人的宣传语已经获得了那么多的认可，我的就没有说出来的必要了。”

但是同事却不这么认为，拿着K的宣传语找到领导，领导看后觉得确实不错，公司随后决定用K的宣传语作为新产品的宣传语。得知这个消息之后，同事就对K说道：“做人不要太实在，该争的时候要争一下，你看最后成功的不就是你吗？”

协调者在现实生活中会因为过度地认同别人，而慢慢地失去了自己对事物的准确认知能力，他们会用不必要的事物来取代真实的需要，而真正需要处理的事情往往到最后一刻才会发现，这使他们在日常生活中变得非常懒惰。除此之外，协调者在做决策的时候通常非常艰难。

因为决定对于他们来说，就是要做出一些改变、一些取舍，而这些都会让他们觉得自己是在进行一场冒险，并对决定带来的后果表现出深深的担忧。所以在同他们交往的时候，不要期待他们能快速地表明自己的观点或是制订一个计划。

虽然协调者表面看起来非常顺从，但是他们的内心仍然会有所保留和坚持。有些时候，他们也会为了违心地迎合别人而感到愤怒，也会为别人的忽视而感到焦虑，但是他们的生气并不会表现在脸上，而是隐藏于内心。

协调者非常害怕孤立，因此他们在生活中会按照别人的日程来安排自己的生活，并表现出很强的依附性。在这个过程中，他们学会了迎合他人，甚至把别人的爱好当成自己的爱好，等他们反应过来的时候，又很难从别人的影响中解脱出来，因为协调者不具备与别人决裂的勇气。

协调者能在自己认为安全的环境中展现出应有的活力和能力，如果他们最后发现自己做的事情是无关紧要的琐事时，他们的内心就会非常失落，即使他们在整个过程中表现得非常出色。

另外，协调者陷入两种观点冲突或者无所事事的状态中难以自拔的时候，他们通常会需要来自外界的帮助。这时候，一个清晰的计划、一段新的感情都能让他们重新焕发活力。除此之外，协调者习惯了一边压抑自己的愤怒，一边考虑怎么应付各方的立场，但是他们从来都没有放弃对他人的反抗。他们总是能轻而易举地得知对方的想法和目的，因此当他们忍受不下去的时候，就会选择反其道而行，让对方处于崩溃的边缘。

J在生活中是一个非常不善于做决定的人，因为他总是在思考各方的反应，希望可以做出一个不得罪任何一方的决定。可是当他在听取别人意见的时候，又会觉得每个人说的都有道理，进而使自己变得更加慌乱。这时候J就会把注意力转移到一些无关紧要的小事上面，借此来缓解自己的抑郁和焦虑，等到时间紧迫的时候才意识到自己还没有想好要怎么做。

一次，J请朋友在家吃饭，大家对想吃什么发表了各自的意见，但是由于食材和时间的缘故，不能全部都做。为了避免争吵，J就开始整理起家里的琐事。等到最后快到饭点了，才慌里慌张地做了几个菜，又叫了几份外卖，才顺利地渡过了做饭危机。

协调型人格在不同阶段的表现

协调者在健康状态下会表现出非常强的感受力和自制力，因此会受到他人的欢迎和喜爱。他们能发自内心地信任自己和他人，对他人会表示肯定和鼓励，使周围的环境变得非常和谐。

在健康状态下，协调者会成为一个强有力的个体，但是他们能够收敛自己的攻击和冲动，变得愿意为他人奉献和付出，使内心获得真正的平和。此时的他们懂得自重，不会让自己在别人的观点影响下左右摇摆，而是能真正地认识到自己的价值，对原本充满矛盾的个体进行调和，使大家团结在一起。

但是，处在健康状态下的协调者有时候会为了追求平衡、和谐而放弃自我意识。此时的他们能够敏锐地感受到他人的欲望，进而表现出自己强大的认同能力，用自己的关爱和支持维护与他人的和谐关系。

此时的他们总是不自觉地接纳他人的观点和情绪，所以很少同身边的人发生冲突，表现得也非常随和、有耐心。协调者总是表现出天真与单纯的一面，所以很难理解别人在同他们交往的时候会要滑头。他们所表现出来的强大感受力，使他们成为九种人格中最值得信任的一类人。

健康状态下的协调者为了追求和维持他们想要的和平局面，会设法消除紧张的人际关系所带来的威胁。他们会致力于调解周围的纠纷，希望所有人都和自己一样能够保持内心的平和。

此时的他们能够严肃地对待别人的抱怨，也能够敏锐地感受到个体之间所存在的差异和共同点，进而帮助别人缓和情绪，解决纷争。协调者在同别人交流的过程中，会用自己的乐观让他人看到积极正面的因素，并消除生活中的负面因素。

当他们觉得有些重要的事情必须要说的时候，就会坦率地告诉对方自己的想法，用自己的真诚赢得对方的谅解，或者给对方提出有用的建议，帮其渡过危机。

B 在生活中是一个非常平和的人，他总是能让躁动的人安静下来，因此每当朋友遇到难题或发生争执的时候，都喜欢找他寻求建议。而他总是能够凭借自己敏锐的感知力察觉到对方的想法，然后对其进行劝解，并在劝导快要结束的时候，将另外一方的难言之隐告诉对方，进而平息对方的怒气。

一次，B 的同事和客户之间发生了争执，双方各执一词，吵得不可开交，正当大家都束手无策的时候，B 来到了现场。他先将两人分开来，避免双方接触，然后详细地询问了当时的情况。

随后 B 先找到了客户，站在客户的立场上帮其分析问题，使得客户的情绪得到了平复。然后 B 又找到自己的同事，将事情的轻重对其进行了详细的分析和说明。之后，同事找到客户表达了歉意，双方成功地达成了谅解。

在一般状态下，协调者虽然也追求同他人保持良好的人际关系，但是他们会表现出对社会角色和社会系统的屈服，此时的他们不再喜欢抛头露面，并开始担心表现自己的欲望可能会带来冲突。于是，协调者就想通过顺应时势，迁就他人来避免冲突。

其实，每个人在社会中都会扮演不同的角色，但是对于一般状态下的协调者来说，他们的角色不是自己创造的，而是被他人创造的，他们所扮演的角色是为了成全他人的期待和需求。此时的他们总是习惯用“和稀泥”的方式来减少生活和工作中的冲突和争执，让自己成为一个没有威胁的人。时间久了，协调者就会很难区分哪一个是真实的自己，哪一个是自己所扮演的角色。

一般状态下的协调者会表现出对改变的担心，他们不会去做那些扰乱自己心情的事情，想要尽可能地维持现状。此时的他们也不喜欢在别人面前发挥自己的才能，他们希望身边的人可以处理各自的事情，不需要他们的插手或者帮助。

协调者习惯用置身事外的方式来避免参与他人的活动可能引发的某种冲突。因此当周围有威胁自己心情的事情发生时，他们就会选择抽身而去，而协调者的生活也随之开始变得消极起来。慢慢地，他们就会沉醉在一种怠惰的自我满足当中。如果必须要面对一些问题和冲突，协调者会降低这件事情在自己心中的重要性，让注意力转移到那些琐事上面。

协调者因为自己的真实想法而同他人发生争执时，他们就会压抑自己的真实欲望，并逐步地陷入不健康的状况中。这时候的他们，经常会通过逃避的方式来避免痛苦或是焦虑情绪的干扰，让自己处在一种不真实的平和当中。他们开始变得极不负责任，甚至会从自我贬抑和屈从的状态，变成一个习惯逆来顺受、失去自尊和个性的可怜虫。

G在生活中是一个没有什么原则的人，对于别人的意见就算不认同，也不会直接反对，他总是习惯用服从来换取一种平和的交流方式，争执和竞争对于他来说是能避免则避免。

一次，主管因不明原因导致在制订工作计划时犯了一个错误，并将工作任务分配了下去。但是在整个过程中都没有人指出来，G虽然看出来了但也当作没有发生一样，反正多一事不如少一事。

但是让G没想到的是，因为他的“默许”，让这个错误在执行的过程中影响了整个工作进程，使得大家的付出毁于一旦。最后主管因为这个错误被免职，而G为了逃避内心的自责，也在不久之后选择了辞职。

协调型人格的情感世界

协调者能非常轻松地与对方进行相处和交流，他们能敏锐地察觉到对方的意图，使自己的行为尽可能地迎合对方。他们也会把对方的兴趣爱好当成自己的，融合和共享是他们情感世界的主旋律。

他们在同别人的情感交流中，对感情的投入要远远超过对自身欲望的满足，同别人维持和谐的亲密关系是他们所有行为的最终目的。在情感世界中的忍让和迎合，会使他们同别人的关系维持得非常持久，就算随着时间的延长，最初的甜蜜感和新鲜感都荡然无存了，他们仍然会习惯性地去保护这段感情，哪怕这段感情继续下去已经违背了他们内心的真实意愿。

协调者是习惯被他人情绪影响的一群人，当他们的交往对象信心满满时，他们也会跟着表现得意气风发；如果对方失去了活力，他们也会变得无精打采。当他们独处的时候，情况又会发生改变，他们会表现得非常平和，因为他们总是把注意力放在不重要的事情上面，从而转移自己对情感的关注，最大限度地避免那些会让自己产生较大情绪波动的事情。

协调者在现实生活中会比其他人更加容易体会到他人的处境，

使自己能站在对方的立场上思考和解决问题。所以他们会在情感交流中表现出对对方的顺从，会说一些对方想要听的话，把对方的生活当成自己的生活。但是这并不意味着他们试图掌控对方，也不会让自己成为感情当中拥有决定权的一方。

与之相反，他们总是试图把感情的主导权交给对方，让对方成为决定者。这种态度虽然能让对方感觉到他们的善解人意和包容，但是也会让对方觉得他们没有主见，甚至会认为他们缺乏担当和责任感。

其实，协调者在情感世界中表现出的顺从，并不代表他们会完全赞同对方的观点。这就导致了情感一旦出现问题，他们就会把责任归到对方身上。

K 在生活中是一个不喜欢表达自己想法的人，他对身边人的提议和看法通常都会表现出支持、认可的一面，很少会从他的口中听到拒绝和反对。

一次，朋友找他借一笔钱，其实他也要用钱，本想着要拒绝对方的，但是为了不让这件事影响两人的关系，他最终还是把钱借给了这位朋友。可是等到他需要用钱的时候却只好找别人借钱。

同事知道了这件事后，非常不解地问 K：“你的钱自己也要用，为什么不解释清楚呢？”K 回答道：“朋友既然开口了，我怎么好意思说不借呢？何况借钱本来就是比较尴尬的事情，如果我再拒绝他的话，会让他更加难堪，甚至还会因为这件事情让我们的关系也变得尴尬起来。所以我无法拒绝他的请求，只好答应他了。”

那个借钱的朋友后来知道了这件事情，觉得 K 非常讲义气，很快就把钱还给他了，还请 K 吃了一顿大餐，两人的关系也因此变得更加友好起来。

协调者在情感世界中非常容易受到别人的影响，所以他们总会表现出难以做出决定，立场不坚定的一面。对于他们来说，做决定似乎是一种非常专横、冒险的举动，一不小心就会造成感情的疏远和破裂。

因此，在情感世界中逼迫协调者做决定通常是一件徒劳无功的事情。如果希望他们能够全身心地投入到一项工作中，就不要尝试去替他们做决定，因为他们虽然害怕孤立无援的感觉，但是他们也非常讨厌对方替他们做决定时所带来的忽视感。

当他们感受到逼迫的时候就会变得十分顽固，并会以不作为的方式来夺回控制权。这时候最好的办法是，通过展现自己的热情来调动他们的积极性，也可以通过做减法的方式，排除他们不愿做的事情，确定他们内心的真实想法。

在现实生活中，一旦协调者决定和对方建立亲密的关系，他们就会让自己和对方融为一体，把对方的需求和想法当成自己的生活重心。所以他们一旦陷入某段感情中，就很难全身而退，他们的情感关系一旦建立就会非常稳固，他们也愿意改变自己来维护这段感情。

但是，他们在感情中不会保持较长时间的活跃性，通常需要对方来调动氛围和调整节奏，并帮助自己做一些决定。如果非要在情感世界中做一些决定，他们就会把注意力转移到那些不重要的事情上面，借此来避免对情感的关注。他们也会通过这种方式来表达自己对对方的不满，但是几乎不会直接拒绝对方的任何要求。

C 是一个不会拒绝别人的人，他总是觉得拒绝会让双方的关系蒙上破裂的阴影。因此，每当听到自己不愿意接受的请求时，他都会通过间接的方法来表达自己的不满。

一次，女朋友在同他交流的时候，问他是否要报一个健身班，C 当时觉得没有什么，就随口说道："没事锻炼锻炼身体也挺好的。"没过多久，女朋友就帮他报了一个健身班，但是 C 在内心深处对健身是排斥的，他非常讨厌在公众场合流汗，这会让他觉得非常不舒服。

结果，不会开口直接表达反对意见的 C 就用各种借口不去健身房。女朋友非常不解地问道："你不是说锻炼锻炼挺好的吗？那为什么不去健身房呢？"面对女朋友的质问，C 一言不发。

无奈之下，女朋友只好把健身卡送给了朋友，并同 C 冷战了好长一段时间。

协调型人格在工作中的表现

对协调者最有吸引力的工作环境是那些有条不紊、固定不变的地方，他们喜欢每天的工作都有清晰的日程安排，自己可以按照既定的指令、程序付出精力和时间，不喜欢工作出现大的变动。在没有激烈竞争和摩擦的时候，他们才会表现得非常放松，才能够自觉高效地完成任务。他们凭借敏锐的感知能力和不爱出风头的习惯，会同周围的同事保持一种和谐的关系。

协调型的员工在别人需要支持的时候会义无反顾地支持对方。同时，他们也非常敏感，不喜欢被别人忽视，如果他们得到了有力的支持就会有良好的表现。虽然他们也希望自己的表现能够得到他人的承认，但是不会主动要求别人这么做。

他们通常不愿竞争，也不愿主动引起他人的注意，因为这会打破他们内心对平和的人际关系的向往和追求。如果协调者处在一个具有明确激励制度的环境中，就会展现出敢于冒险、有创造力的一面。

协调型的员工通常会把周围人的观点和态度当成自己的看法，进而忽视内心的真实想法。如果他们所处的工作环境是积极向上的，他们就能从中吸取有益的成分；如果他们所处的环境充满了负面情绪，他们的注意力也会随之发生相应的转移。

他们在工作中还有一个非常明显的缺点，那就是迟迟无法做出决定。他们会在工作的过程中不断地搜集信息，想要兼顾各方面，以致他们把注意力转移到无关紧要的事情上面，当最后期限来临时，他们可能会做出“用最后一分钟来走完全程”的惊人之举。

协调者在工作的过程中，会表现出两个非常典型的缺陷：第一个就是在各方观点冲突、左右摇摆不定的时候，很难找到重点并开始行动；第二个就是如果有人替他们做出了决定，他们就会表现出顽固和难以沟通的一面。

因此，在工作的过程中，人们一般不会从协调者那里得到明确的信息，因为他们总是希望可以兼顾各个方面，做到两不得罪，但最终结果却恰恰相反，各方都会觉得自己没有受到重视，进而表露出敌对的情绪。

协调者在工作中虽然会表现出无法果断做决定的一面，但是这并不代表他们心中没有自己的想法，一旦别人帮他们做了决定，他们就会通过不作为这种消极的方式来进行反抗，以表达自己的不满。

H 是一个非常不愿得罪人的人，和谐的人际关系会让他觉得非常安心，所以当别人发生争执的时候，他经常会对双方都表示肯定，做到两不得罪。但是 H 的这种行为并没有使他拥有一种良好的人际关系，反而会让别人觉得他立场不坚定，不可靠。

一次，H 的两个同事发生了争执，而 H 刚好在现场，于是两人就都找 H 评理。H 先把争执的两人分开，然后分别表示自己对他们的支持。

当时的双方都觉得 H 是站在自己这一方的，内心都非常得意。但是后来两人发现，H 对两个人说了两种不同的话，这个发现使两人对 H 的好感一下子就消失了。

协调者独自一人开展工作的时候，会表现出自己的惰性，而他们在团队中则容易表现出自己的创造力，只要团队成员之间没有什么大的冲突，他们就会成为非常好的参与者。他们会成为团队中的“黏合剂”，协调各方的争执，在不同的观点中找到共同点，进而使得大家的交往变得更加和谐。

除此之外，协调者对工作也能做到长期的坚持，即使团队一时间出现了什么困难，他们也可以按照既定的程序执行下去，这种态度会鼓舞团队成员的士气。

当协调者在工作中成了领导者时，他们就会非常容易在不同的观点间来回摇摆，也会花费更多的时间进行平衡和比较，以致错过最佳的执行时机。

协调型的领导者在制订计划之前，总是习惯性地先进行整体的构思和策划，把可能产生负面影响的因素一一排除，这使得他们的策划通常会显得不那么精细，也会花费很多时间。

他们这种工作管理风格，对于那些积极主动的员工来说非常适合，但是对于那些需要明确指导的员工就不怎么合适了。他们会为了尽可能地减少不确定因素，尽量使自己的计划向以前的成功案例靠拢，所以新的观点和看法通常不能激发他们的兴趣。而他们在熟悉的领域和岗位上，更容易发挥出自己的能力。

N在工作中习惯将事情所有的可能性都考虑进去，这种习惯使他在办事的过程中，通常需要花费很多时间来协调各方的关系，但是仍不能避免在执行的过程中产生一些冲突，这使他非常苦恼。

一次，N花费了很多时间和精力制订了一份工作计划。但是在执行的过程中，有几个部门因为分工不明确而发生了冲突，各部门的负责人都来找N进行调解。尽管时间已经非常紧急了，但是N实在难以给出一个明确的指示，随后他就把责任推到了自己的助手身上，让其出面解决。虽然最后事情得到了解决，但是N在公司的威望也受到了非常大的损害。

怎样与协调型人格更好地相处

协调者在现实生活中总是不习惯主动表现自己，他们通常性格内向，为人处世也表现出被动的一面。与此同时，他们非常渴望自己的人际关系中能少点摩擦和争斗，希望能与身边的人和谐相处。

协调者对平和情绪的过度追求，会使他们在交际的过程中表现出较强的服务意识，也会表现出一定的顺从和隐忍。虽然他们的付出为自己的交际奠定了一个稳定的基础，但是他们的性格仍然存在一定的局限性，想要同他们更好地相处，首先就要学会体会他们的付出，并对他们的付出和顺从表示感激，让他们知道你对他们的付出是抱有敬意的，而不是一味地享受。

协调者在同别人交际的过程中，很难拒绝别人的请求，但是并不能说明他们内心也是认同的。所以对于他们的支持，一定先要弄明白他们是不好意思拒绝还是真的认同，然后再做决定。

善于隐忍的协调者非常害怕自己的决定和别人的观点发生冲突，进而造成人际关系的紧张。所以他们会隐藏自己的想法，选择支持大多数人都认可的观点，他们的决定在一定程度上可以说就是在“随大流”。

除此之外，协调者还非常喜欢节奏较慢，竞争不那么激烈的工作环境。当他们处在“压迫”状态下的时候，会压抑内心的真实感受，服从现有的规章制度和他人的意见。因此，想要进一步了解他们的内心，就需要学会倾听他们的心声，给他们一点缓冲的时间，鼓励他们说出自己的真实想法。不然，和他们的相处就会永远存在着一层隔膜。

协调者在现实环境中对情感非常看重，他们甚至可以为了让对方感到愉悦，忽视自身的某些需求。而他们所有行为的动机，其实都是为了追求一种平和的心态，工作和交际中的奉献也不外乎如此。

除此之外，他们总是习惯性地将注意力放在别人身上，寻找对方的优点以及与自己的共同点，忽略自身独立存在的价值。所以在同他们相处的时候，要学会适时地赞美他们、认可他们，让他们知道自己的重要性，这样才会让他们在接下来的相处中有更加积极的表现。

H 在生活中总是表达“顺从”的意见，每当别人询问他的观点和建议时，他总是用支持另外一个人的观点来作为回应，久而久之，他的建议经常会被大家忽略掉。

一次，公司向全体员工征询全方位的改进建议，并给出了三天的时间让大家做准备。由于时间比较宽松，大家也以为只是走个形式而已，所以都没怎么在意。H 回到家中，整理了一下自己的想法，然后询问了几个与自己平时关系不错的同事的意见。

由于他们都没在意这件事，自然也就提不出什么看法，反而觉得 H 的想法非常不错。随后 H 在同事们的鼓励下，把自己的想法进行了认真整理，并上交到了公司总部。当大家都快要忘记这件事情的时候，总部对 H 的工作进行了调动，让其负责公司的一个新项目，而这个新项目正是 H 当初所提的建议。

当大家知道这个消息之后，对 H 的认识发生了重大的改观。

协调者在团队中是服从意识最强的，他们不喜欢跟身边的人发生任何冲突，非常容易接受别人的观点，但是在同他们进行沟通的时候，不要以为他们的“脾气好”就可以用强硬的语气同他们进行交谈，更不要不征询他们的意见就帮他们做一些决定。因为他们一旦觉得自己被忽视了，受到了别人的控制，他们就会表现出顽固的一面，通过不作为来进行反抗。相反，在同他们相处的过程中，如果能多用商量的口气询问他们的建议，给他们保留选择的余地，反而更能赢得他们的支持。

协调者在现实生活中是非常不喜欢做决定的，他们总是想让自己处在中间位置，能够做到左右逢源。如果遇到非要他们做决定的情况时，他们通常会进行全方位的考虑，希望能兼顾各方的利益，这就导致协调者做事的时候总是慢吞吞的。

除此之外，他们还非常害怕自己的努力得不到认同，害怕在坚持自己观点的时候与别人发生争执，进而造成人际关系的破裂。所以，协调者会为了规避决定带来的风险，而选择压抑自己的真实想法，从而失去表现的机会。

这就需要人们在与其相处的过程中，能够引导他们发挥出自己的能力，让其学会独自承担责任，而不是在沉默中让自己的愤怒爆发，更不要在沉默中就此消沉下去。

在大多数情况下，协调者都是非常平静的，不会轻易表现出愤怒的情绪，但是这并不意味着他们不会愤怒。他们会因为要讨好别人，压抑自己的真实情感而愤怒，也会因为他人的忽视而产生愤怒的情绪。然而他们的愤怒更多的是存在于他们的内心世界，不会直接地表现出来。

他们也会用其他方式来表达自己的不满，或者转移注意力，但是这种方式并不能从根本上消除他们的愤怒。所以在同他们交往的过程中，应该认真地感受他们内心的情绪变化，并对其进行引导和安抚，让其将负面情绪直接释放出来，并让他们认识到，真正的情感是不会因为愤怒的表达就毁于一旦的。另外，也要学会避开他们愤怒的雷区，不要挑战他们忍耐的极限。

M 性情非常温和，同别人讲话也总是笑眯眯的，同事们都觉得她的脾气非常好，甚至可以说是没有脾气。但是 M 的好朋友 H 却知道，M 只是不愿意在别人面前表达出自己的愤怒，不想让愤怒摧毁自己的人际关系。每当 M 心中的愤怒积累到一定程度的时候，就会找来一大堆废旧报纸杂志，把它们撕得粉碎，然后偷偷丢掉。

后来 H 对 M 说道："其实你并不需要这样刻意地压抑自己，也不用担心他人会因为看到你愤怒的样子而疏远你。要适当地表露你自己的不满，让他们知道你内心的真实想法，这样他们在交际的过程中才会有所改变。而你通过直接的释放，才能得到真正意义上的释怀。”

M 听了朋友的建议之后，觉得非常有道理，于是在交际的过程中开始适当地表露自己的愤怒。结果，她的改变非但没有让同事觉得难以接受，反而觉得 M 更加真实了。

协调型人格的自我提升

协调者虽然是一个天生的矛盾调停者，但是他们仍然存在影响自身发展的局限性。他们的核心问题就是，习惯用别人的价值和主张来取代自己的真实想法，而且他们也愿意为了避免冲突而牺牲自己的需求。

他们在现实生活中表现出来的依赖性，来源于他们小时候被忽视或者是生活在他人阴影之下的经历。这些遭遇会让协调者觉得没人重视自己，即便是他们对某件事做出了激烈的反应。这种想法也会让他们意识不到自己的价值，并且非常容易迷失自我，在别人的兴趣和愿望中生活。

这时候就需要提醒协调者，没有任何人是高人一等的，也没有人是天生的重要人物；要敞开自己的心胸，充分认识自己的价值，学会为自己的感受而活，要给予自己足够的信心和尊重。

协调者在现实生活中是非常被动的，他们通常不会主动表达自己的意愿，却希望别人能够感受到他们内心的想法。这种表现方式经常会让他人觉得难以捉摸，不知该如何与其相处。

除此之外，他们在行动的过程中也会因为害怕竞争、做决定而带来风险，使注意力总是转移到一些无关紧要的琐事上面。这样的他们虽然看起来在不停地忙碌着，但是却难以取得应有的成效。这时候就需要提醒他们，要学会专注，不要总是寻找消磨时间和能量的方法，而是要尽可能地发挥自己的能力，让自己成为一个积极参与生活的人。

另外，协调者要学会把自己心中的想法直接表达出来，让别人知道到自己的立场和想法，这样才能避免没有根据的猜测导致的冲突。

此外，协调者也不要否认自己的焦虑和不满，不要只是间接而隐秘地发泄自己的愤怒，更不要去压抑它们。因为这些消极的情绪不管有没有意识到，都会对自己的身心产生一定的影响，也会阻碍建立平静、和谐的人际关系。因此，要学会正面、直接地表达自己的立场和情绪，压抑只会让自己变得越来越混乱，越来越焦虑。

J在生活中非常注重自己的人际关系，十分担心自己的一些行为会让对方不高兴，所以他总是在询问对方想要什么，然后让自己去适应他人。

起初，J的这种做法确实让他与身边的朋友保持了不错的关系。但是没过多久J就发现，生活已经不受自己掌控了。每当他有什么想法和决定的时候，都无法干脆利落地下决心去执行，因为他总是在担心自己的行为是不是会让身边的人不高兴，然后他就会放弃自己的想法。J的这种心态，经常使得他产生一种矛盾心理，那就是“做了怕承担生活不再平静的风险，不做又不甘心”。无法做出抉择的J，生活从此陷入了混乱的对外妥协和自我安慰当中。

在现实生活中，协调者有些时候的做法会截然相反，让他人完全摸不着头脑。他们在做决定之前，非常容易受他人的影响，会对事情进行全盘的考虑，让自己对各方面的反应都想好一个应对之策。

但是一旦他们下决心执行自己的计划时，他们就会变得非常顽固，对于自己的想法会做到义无反顾地坚持，拒绝任何反对的声音。他们会为了避免争吵，不愿把问题拿到桌面上来进行解决。他们也会尽可能地描述自己的想法和细节，通过强调共同点，忽略有争议的地方来获得他人的支持。

这时候就需要提醒他们，要做到在坚持自己想法的同时，也听听不同的声音；既不要一味地顺从，也不要一味地固执己见，而是要学会真诚而直接的交流。

协调者会因为过于在意他人的意愿，想要让自己的行为与他人保持一致，以致在出现问题的时候会产生这样一种想法，那就是“那是他的决定，所以错不在我”。他们在工作的时候，也希望通过服从他人来减轻自己的工作难度，用最小的投入获得最大的收获。

这种带有投机性质又不愿承担责任的做法，非常容易让他们不被信任。这时候就要提醒他们，交际是一种以真心换真心的活动，任何不真诚都会影响最终的交际效果。

协调者在工作的时候，也容易分不清人际关系和个人原则的轻重。当人际关系和原则发生冲突的时候，他们就会觉得自己遇到了一个非常大的挑战。因为每个人在他们眼中都存在不同的优点，让他们难以拒绝他人。这时候就需要他们学会增强自己的力量，学会坚守自己的原则和立场，否则，就会在数不清的人情当中苦苦挣扎。

N是一个非常随和的领导，能够很好地解决下属之间的冲突，让他们找到共同点，进而做到体谅对方。他也能包容下属之间的一些“过火”行为，允许他们充分地发挥自己的主观能动性，让大家的工作环境变得舒适。

但是N也有一个非常不好的习惯，那就是不会拒绝别人，他总觉得拒绝的话太伤人了。一次，有一个员工在工作中犯了一个非常严重的错误，按照公司制度是要被解雇的。但N觉得这个员工本身是非常有能力的，如果因为犯一次错就解雇对方，会让其他同事觉得自己不近人情，于是就想不了了之。

这时公司的人事主管找到他说道：“公司想要发展，最重要的就是要坚持执行规章制度，否则公司就会变得混乱不堪。”N听了人事主管的话之后，觉得非常有道理，最后才下定了决心，辞退了那个员工。

协调型人格与其他人格的碰撞

协调型人格同领导型人格有着非常明显的差异，但是他们的某些表现仍然很相似。他们都非常喜欢朴实的快乐，追求内心的舒适感，也会表现出真心待人的一面。

可是这两种人格存在着更多的不同点：领导者能够直面冲突和愤怒的情绪，他们通常会以自己的信念为准则，并且会在交际的过程中坚定地维护自己的信念；协调者则恰恰相反，他们在面对冲突和愤怒情绪时，通常会选择逃避，借此来构建自己和谐的人际关系。除此之外，协调者在做事的过程中，会以别人的意愿和需求作为自己的行事准则，他们非常容易在顺从的过程中失去自己原有的真实立场。

协调者和领导者在工作中可以进行合作，但是需要双方把自己的真实想法都说出来，否则就会变成一场意志的考验。这两种人格在九型人格中都属于愤怒型的，说明愤怒在他们的情绪中占有非常重要的位置。

领导者生气的时候会直接表达出来，然后争夺控制权；协调者则会通过被动的反抗来表达自己的愤怒，两者在这个过程中都会表现出顽固的一面，进而导致合作崩溃。如果两者能够进行真诚而直接的交流，那么他们就可以进行卓有成效的配合，即领导者负责主动发起行动、处理冲突，协调者则可以负责调停和支持。

K 和 J 在工作中经常会发生一些争执，在争执的过程中两人都不愿先服软。一次，公司领导布置了一个任务让 K 和 J 去执行。K 觉得 J 平常做事的时候从来都不发表意见，因此他就想只需按照自己的想法制订一个计划，然后再告诉 J 就可以了，这样就可以省下一个人的精力去做别的事情。

但是 K 的这种做法并没有得到 J 的认可，J 觉得 K 忽视了自己的存在，于是对 K 的计划不屑一顾。两人因此还展开了一场拉锯战，最后导致任务执行失败。

协调型人格同享乐型人格在现实生活中会被认为是同一种人格，因为他们都对快乐与和谐有着各自的追求，也都希望自己的行为能够得到别人的认可和喜欢，还希望尽量地避免冲突，与周围人能够和谐相处。

但是两者仍然有很大的区别，比如说享乐主义者做事通常以自己为中心，懂得表达自己的需求和信念，喜欢快节奏的生活；协调者则非常享受平静、慢节奏的生活，做事习惯以别人为中心，他们会忽视或者压抑自己的需求。

协调者和享乐主义者在工作中会认为时间是无限的，他们在最后期限到来前能够发挥出更大的能力，在项目前期，他们则会慢慢地消磨时间。

除此之外，协调者希望自己每天的生活都有明确的安排，不喜欢出现太多的变动。享乐主义者则会在工作过程中表现出自己灵活的一面，也会对工作计划不断地进行修改。这两类人在工作风格上的差异，使得双方能有一个互补的合作基础，但是在事情结束的时候，他们则会追究是谁的责任和功劳。

协调型人格是怀疑型人格的安全状态，怀疑型人格是协调型人格在压力状态下的一种反应，这使得他们的性格存在一定的相似之处。例如，他们都会表现出乐于助人、追求快乐，不喜欢出风头的一面，在相处的过程中也会表现得非常敏感，竭力避免同别人发生冲突。

但是这两种人格仍然存在很多差异，比如，怀疑主义者习惯与别人保持一定的距离，在做事的时候会考虑可能出现的危险和错误，他们需要验证一番才能同别人进行友好的交流；协调者则是最会为别人着想的，他们会在迎合他人的过程中迷失自己，能与人友好相处。

N 想了很久才想到一个合适的生日礼物送给 M，并决定为 M 制造一份惊喜。等到 M 生日那天，N 带着生日礼物来到了 M 的家，此时 B 发现自己没有准备礼物，于是就对 N 说道："这份礼物也算我一份吧！买礼物的钱咱们两个平分。"

由于大家都是朋友，N 内心虽然不愿意，但是也不好意思拒绝。此时 M 出来了，B 拿起放在桌子上的礼物，对 M 说道："这是我和 N 一起准备的礼物。"然后又对其说了一番祝贺的话。

事后 N 心中非常郁闷，觉得 B 抢走了自己的“功劳”，因此在此后相当长的一段时间内，都没有再同 B 进行任何联系。

协调者同怀疑主义者都不适合在充满竞争的环境中工作，他们的合作能否顺利进行，通常取决于双方关系的稳定程度和信任程度。他们在工作的时候，都喜欢为自己包揽过多的工作，协调者经常会被细节所困，怀疑主义者则很难把工作坚持下来，以致他们的工作进程都不会很快。

所以对于他们来说，想要更好地相处就要学会交流和合理分配任务，这样才能最大限度地发挥各自的优点。例如，让怀疑主义者进行构思和策划，让协调者负责生产和执行。